古人的餐桌·第二席

与历代食家一同赴宴

芮新林

著

上海文化出版社

写在前面

　　《古人的餐桌——邀您共赏来自历代笔记的美味》出版后不到一年，正是因疫情隔离在家，社交活动几乎为零的时段，收到了新林兄通过电子邮件发来的稿件，说是已经写好了"续宴"，而这一本"续宴"的取材范围，已经从第一本"餐桌"来源的二百多本历代笔记，上升到了三百多本。历代笔记是个资源宝库，看这架势，"古人的餐桌"很可能一席席地开下去。这当然是令人向往的。

　　与书稿同时收到的，还有一个写序的邀请。说是作为第一桌菜肴的"揭盖者"，且对每一道菜都尝了不止一遍的责任编辑（也可说是负责任的试吃者），理所当然有为第二桌再吆喝的责任。

　　编辑生涯二十年，写过的"审稿意见"的数量恐难统计，写序的经验却是零。推辞再三，得到的却还是一个"非你莫属"的肯定。好吧，先不纠结谁来写序的问题。作为"前菜"的序暂放一边，正餐"吃"起来。

　　"正餐"的近五十篇文字，每一篇都可谓一道精心烹制的菜肴。一一试吃完毕，感觉食材都是精挑细选、去芜存菁的，烹饪时会针对不同食材选择不同的方法和调料，既增食物风味，又不夺其本味。当然，就像众口难调，要做到每一道菜每个人

与历代食家一同赴宴　　　　1

都喜欢肯定是不可能的，阅读这些文字也是有门槛的。希望执笔（掌勺）者能尽量兼顾到大多数人，比如，在不损失品质的前提下，文字可以再浅显一些，逻辑可以理得更顺一些。

将这些意见反馈给新林兄，又经数轮调整与改进，终于将菜单和呈现的文字固定下来。最后的建议是将书名定为《古人的餐桌·第二席——与历代食家一同赴宴》。如果现代食家觉得好，当然还可以有"第三席""第四席"……

那么，又回到了"序"的问题。如果还是要担起写序的责任，就老老实实地当"审稿意见"来写吧，说出一二三来，让读者自己判断要不要入席。

首先是读者对象。是对"饮食"和"文化"都有兴趣者。如果只管"饮食"，那吃出个酸甜苦辣咸来就完事了。而"文化"就没那么简单了，除了味道，还可以再深挖的太多了。"满汉席"菜单上的"貜炙哈尔巴小猪子"是什么？龙虾是不是舶来品？"千里莼羹"中的"千里"是地名吗？宋代的夜市上都有哪些点心售卖？海蜇最早于何时出现在古人的餐桌上？我国馔食黄鱼的历史有多久？……这些，都可以在本书中找到有根有据的答案。新林兄引陈寅恪先生之名言："华夏民族之文化，历数千载之演进，造极于赵宋之世！"其后补充道："文化盛则文人盛，文人盛则诗赋盛，诗赋盛则酒酐盛，酒酐盛则馔饮盛，馔饮盛则衣食盛，衣食盛则文化盛，文化盛则国祚盛。"（《四时点心》）可见，"饮食"和"文化"本来就是相辅相成的。

其次是写作风格。是散文，注入了作者寄托于食物之中的人情，"汤清羹浓……更浓的，是父亲肩杠麻袋的身影！"（《骨间微肉》）是小说，"麻皮爷叔"于弄堂口每周上演一次"洋钉划鳝丝"的表演，活色生香，比"看武侠小说屠龙刀劈人"还要精彩（《蛇形之鱼》）。是学术论文，考证了"五谷丰登领奖台上"的"黍"，是如何"制律""权轻重"，又是如何与"圭""撮""龠""合"进行换算的（《有稷有黍》）。是侦探报告，通过对《调鼎集》全篇二十万字的逐字校勘，并比对了《本草纲目拾遗》《随园食单》《闲情偶寄》诸多笔记中的相关条目，校正了公开出版的《调鼎集》署名"清·佚名编""清·童岳荐编撰"的结论，"断案"如下："《调鼎集》为童岳荐及其后代（或后来）持有《童北砚食规》者，在《食规》基础上，添抄名人著作内容的一本菜谱。"（《菜谱疑案》）

再就是阅读方式。虽曰"赴宴"，不必正襟危坐，也不用前菜、正菜，冷盆、热炒地按顺序来，就当是自助餐吧，打开"菜单"，想吃什么就先点什么。只是在品尝不同的菜肴时，会邂逅不同的食家，他们是历代笔记的作者，听他们聊吃的，或许会有意外的惊喜。

诚如新林兄所言："历代笔记无疑是最'解馋'的书，许多笔记的作者，均乃大家。古代的大家可了不得，上知天文，下知地理，还懂吃会写。"（《炝虾活跳》）校读过三百多本历代笔记的新林兄是否"上知天文，下知地理"，不敢断言，但是"懂吃会写"那是毫无疑问的。而认真读完《古人的餐桌》的各位现代食客，也一定可以"懂吃会说"。

以上就是作为责任编辑和第一个读者，对于《古人的餐桌》的"试吃报告"。还是不敢称之为"序"，就叫"写在前面"吧，因为虽是本书最后写成的文字，倒真的是放在最前面的。

本书责编

2020 年岁末

目 录

第一辑　蔬谷面饭

千金翠玉

莴笋自带清香，故沪人称其"香莴笋"（读成"香乌笋"）。大多数蔬菜闻上去无味，就连早韭、嫩蒜叶（青蒜）闻着也并不臭。我很喜欢莴笋的清香，气味脱俗；而其味道，清新爽脆。

莴笋的茎一定要去皮，去到色翠绿而无白筋。然后用专用菜具刨成丝，*丝丝缭绕*，滴点麻油，放点味精、盐，筷子撩拌，即成一菜。凉拌香莴笋，忌放生抽，以盖其本。香莴笋的本味，清爽！其色泽青翠，口感爽脆，在夏天是一道宜人的蔬食。

清朝李斗《扬州画舫录》："春夏则燕笋、牙笋、香椿、早韭、雷菌、莴苣。"莴苣即莴笋的大名，可见古人在夏天也喜欢这道菜。北宋孟元老《东京梦华录》中有三处提到莴苣，均在夏天，"旋切莴苣、生菜"，旋切是现切之意。莴笋是茎用莴苣，生菜是叶用莴苣。

香莴笋可凉拌，可热馔。既可做主，亦可为辅。汤品上做辅料为宜，比如排骨汤和腌笃鲜，添加些滚刀块的香莴笋，增殊滋，减腻味。菜品上自然是主角，或加点肉片，或添点木耳。此时宜切片，炒后上桌，入滋入味。

清朝《调鼎集》："炒莴苣，斜切片，配春笋炒。又，切小片炒。"切片炒食，古今同好。目前为止，学界认可《调鼎集》

与扬州盐商童岳荐有关，但编纂者至今存疑。为此，予专门写下《菜谱疑案》（见本书第四辑），一探究竟！

清炒香莴笋，最简，也最能吃出莴笋的香润。食之，嫩脆相兼，嫩的是头，脆的是根。香莴笋的"笋"字，以形名之。笋的根部粗，中间渐细，到头成尖。笋之嫩在细的部分，笋之脆在粗的部分，香莴笋亦然。

明朝高濂《遵生八笺》："莴苣菜，去叶去皮，寸切，以滚汤泡之，加姜、油、糖、醋拌之。"汤乃开水之意，非今人喝的汤。凉拌香莴笋一定要去掉叶子。

香莴笋有别于笋形的，恰恰在尖头处有叶子。一叶两色，半墨绿半淡青。其色浓淡相宜，其味却殊别于茎。"情到深处自然浓"，其"浓"在微苦。香莴笋是比较难以挑选的蔬菜，买回来一切，中心不空，则为上品。我挑香莴笋，一挑一个准。看叶子，齐而润，品佳也。我买香莴笋，从来不弃叶子。

清炒香莴笋，添点叶子（当然要浸要洗），嫩脆之外，更带微苦。苦则清火，夏天最宜。香莴笋叶还有一用，混入青菜中烧菜饭，更增别韵。菜饭最好在农村大灶上烧，柴爿香、米饭香、咸肉香、青菜香，再加上莴笋叶的殊韵香，真乃香之菜饭也！

莴叶不弃，非我一人，《调鼎集》："莴苣叶，盐腌晒干，夏月拌麻油，饭上蒸，亦可同肉煮。"扬州盐商都是懂吃之人。

米饭翻翻花头，可翻出菜饭、蛋炒饭、泡饭。香莴笋亦可

"泡",我做泡菜,喜欢置莴笋于泡菜坛子的最上层,因其腌制时间最短,四天即可。食之,爽脆之外,更添微酸微辛。酸辛则开胃。香莴笋的酸辛,酸来自发酵,辛来自别菜(白萝卜片等)。

莴笋腌制,古已有之,《调鼎集》"腌莴苣"条:"每一百斤,盐一斤四两,腌一宿晒,起原卤煎滚,冷定再入莴苣浸二次,晒干,用玫瑰花间层收贮。"间层收贮,意思是隔一层莴苣放一层玫瑰花。这要是在情人节,得费钱不少!

说到钱,最早的莴苣还真是贵,北宋陶穀《清异录》:"高国使者来汉,隋人求得菜种,酬之甚厚,故因名'千金菜',今莴苣也。"莴苣是外来蔬菜,高价求种得来的千金之菜。

南宋林洪《山家清供》:"莴苣去叶、皮,寸切,瀹以沸汤,捣姜、盐、熟油、醋拌渍之,颇甘脆。"渍有浸润微腌之意。林洪善于诗文书画,所取菜名亦淡墨润青。把一道普普通通的"凉拌香莴笋"取名为"脆琅玕",玕音 gān。

东汉张衡《南都赋》:"揖让而升,宴于兰堂。珍羞琅玕,充溢圆方。"唐朝李善注曰:"以羞之美,故喻于玉也。圆方,器也。《尚书》曰:厥贡琅玕。又曰:惟辟玉食。"[注 1]

琅玕千金,翠玉一片。

[注 1] 南朝梁·萧统编、唐·李善注《文选》,又称《昭明文选》。《文选》收入张衡《南都赋》。萧统,梁武帝萧衍长子。

兰野椿香

马兰头和香椿头都是野菜，上市的最佳时节均在清明前。明高濂《遵生八笺》："马兰头，二三月丛生。"丛生有野生之意。清《调鼎集》："香椿，二三月有。"只不过前者生长在野地里，后者生长在树梢上。所谓"头"，指两蔬的叶子，各有殊异清香，一为野地香，一为树木香。

"两头"以野生采摘者为上。马兰头叶子碧绿色，香椿头叶子红褐色；马兰头根红，香椿头根褐。有人只吃"两头"的叶子，予私下以为：那是不懂吃。初春的马兰香椿，其嫩根会带来齿感，但两者要去掉最末的老根。

香椿头去掉老根后，内芯碧绿生青，煞是好看！

两者食用前，均需过一道程序：焯水。前者去其苦涩，后者去其微毒。非常奇妙的是，香椿头焯水后，红褐色忽而成为暗绿色，其味亦变，树木香转为蔬气香；马兰头色不变，但其味骤然放肆，野性十足。

事间万物，变化无穷，一菜一蔬，竟然蕴涵如此的不可名状，真神奇绝妙也！

二蔬之味更妙不可言！上海人吃马兰头，最经典乃拌香干。马兰头焯过后，捏去水分，切成细末；香干则切成小丁。加盐、味精、香油，一拌即可，爽口解腻。叶嫩、根软，香干韧。袁枚说："马兰头摘取嫩者，醋合笋拌食。油腻后食之，可以醒脾。"（《随园食单》）

清爽，是马兰头之本！

清明前正是青团上市季，不妨买个马兰头馅的，别有殊味。马兰头亦可作馒头馅，李时珍曰："南人多采沥晒干为蔬及馒馅。"（《本草纲目》）馒馅即馒头馅，也就是北方人称呼的包子馅。馒头的称谓至清代出现分野：北方谓无馅者为馒头，有馅者为包子；而南方依然遵循古制。

香椿头凉拌亦佳。清朝薛宝辰《素食说略》："香椿以开水淬过，用香油、盐拌食，甚佳。或以香油与豆腐同拌，亦佳。"《调鼎集》："椿菜拌豆腐，取嫩头焯过，切碎，拌生豆腐，加酱油、麻油。"

近代大食家汪曾祺先生描绘得更灵动："嫩香椿头，芽叶未舒，颜色紫赤，嗅之香气扑鼻，入开水稍烫，梗叶转为碧绿，捞出，揉以细盐，候冷，切为碎末，与豆腐同拌（以南豆腐为佳），下香油数滴。一箸入口，三春不忘。"（《五味》）

"一箸入口，三春不忘"，绝妙之言！

上海人吃香椿头，经典熟食是炒鸡蛋。香椿焯后，去水捏干，切细入蛋，搅拌均匀。今年刚上市的香椿很贵，三十元一斤，一小把一小把卖。一把约三两左右，打入三个土鸡蛋，一满小匙盐即可。

炒鸡蛋几乎人人都会，拌入香椿头的鸡蛋炒出来后，食之更有味，别有殊香。

香椿头乃香椿树枝条上抽出的嫩芽，故又称之为"椿芽"。明朝谢肇淛《五杂组》："燕、齐人采椿芽食之以当蔬。"清朝潘荣陛《帝京岁时纪胜》记载京都习俗："香椿芽拌面筋，嫩柳叶拌豆腐，乃寒食之佳品。"

今人只知清明节而不知寒食节，周密《武林旧事》："清明前三日为寒食节。"如今也少有人知，香椿是我国独有的一种树生菜。其名可上溯至三千年前，《本草纲目》："香者名椿（《集韵》作櫄，《夏书》作杶，《左传》作橁）。"《夏书》即《尚书·夏书》。

明屠本畯《野菜笺》："香椿香椿生无花，叶娇枝嫩成权枒。不比海上大椿八千岁，岁岁人不采其芽。香椿香椿慎勿哗，儿童攀摘来点茶，嚼之竟日香齿牙。"[注1]由诗可知，香椿嫩芽，既可入肴，亦能泡茶。或干脆边采边嚼，遍齿芬芳！

既然"香者名椿"，那必有"臭者"，其名曰"樗"。南宋林洪一言概之："椿实而香，樗疏而臭。"（《山家清供》）明朝李时珍耐心科普："樗木皮粗肌虚而白，其叶臭恶。"（《本草纲目》）清朝薛宝辰娓娓道来："嫩叶色红似椿，有花有荚，不中食，名曰臭椿，此为樗。"（《素食说略》）

所以买香椿头的时候要先闻一闻。李渔曰"菜能芬人齿颊者，香椿头是也"，又曰"椿头之味虽香而淡"（《闲情偶寄》)，的确如斯。香椿头未成菜前，其香浓；成菜后，其香淡。

香而淡，暗香也。盈盈暗香，幽幽齿芳！

［注 1］屠本畯《野菜笺》仅有《说郛续》（明·陶珽编纂）本传世。另，《庄子·逍遥游》："上古有大椿者，以八千岁为春，八千岁为秋。"

风菱悠鸣

小时候，父母从来没有给我买过玩具，特别羡慕别人家孩子的脚踏童车和搓铃（空竹）[注1]。老城隍庙的"海燕儿童用品商店"去过无数次，进去出来，出来进去，进去空手，出来手空。

当年南京东路模型店，全市规模最大，里面有船模、飞模，其中一款竹纸飞机，一抛天空，滑翔很远，童心跟着向远……去过几次后，摸摸兜里的5分洋钿，伤心不已，从此别过。

穷人家的孩子"早当家"，没玩具，自己做好嘞！我做过小陀螺、小船模、小木刨，特别是后者，使我信心满满，认为自己长大能当木匠。那个长80厘米、高宽各2厘米、斜嵌铅笔刀的小木刨，居然能在木头上刨出一层木卷纤花！当时的喜悦之情，比今天写出一篇好文章，有过之而无不及。

父亲每个周末从青浦回一次家，吃食是少不了的，老菱乃其一。

菱者食其嫩，明张岱《陶庵梦忆》："小菱如姜芽，辄采食之，嫩如莲实，香似建兰，无味可匹。"同朝顾起元形容"大板红菱"，曰"入口如冰雪，不待咀嗟而化"（《客座赘语》）。

李时珍虽为药学家，文采不输同朝两位大学者："家菱种于陂塘，叶、实俱大，角软而脆，亦有两角弯卷如弓形者，其色有青、有红、有紫，嫩时剥食，皮脆肉美，盖佳果也。老则壳黑而硬，坠入江中，谓之乌菱。"（《本草纲目》）

菱色有青、红、紫、乌，前秦王嘉《拾遗记》："亦有倒生菱，茎如乱丝，一花千叶，根浮水上，实沉泥中，名'紫菱'，食之不老。"

嫩菱软糯酥腻，非我所好。予独喜老菱（乌菱），因其"老则壳黑而硬"，更因其"两角弯卷如弓形"，做啥？做弓呀。姆妈烧好老菱，待冷却后，用小耳勺，耐耐心心，边挖边吃，嫩菱软酥，老菱硬韧，适合磨牙。

边吃边挖，挖的时候要非常耐心，不能用力过猛，把"弓"挖破了。老菱再老，皮一张而已。挖老菱是手艺活，需边边角角俱到，如掏耳朵（高手掏耳，直达 G 点，欲仙欲死）。实在挖不到的地方，用流水冲洗干净，晾干后才不会发臭。

好弓得配好箭。老菱为弓；硬竹为箭；橡皮筋在菱角上一钩，为弦。弓箭有之，靶子何处？墙。弄块烂泥往人家外墙上一扔，"啪"的一声，如贴大饼，如贴膏药。一箭射之，童心雀跃。要是被这家人看到，免不了吃几只头塌[注2]。

为啥不往自家墙上扔？脏呗。有次烂泥顺手扔出，一看对面的墙，别转屁股就逃回家，墙上有"毛主席万岁"五个字。"毛主席"是我最早认识的三个中文字，年过半百，多少英文词语，灰飞烟灭，"A long long life to Chairman Mao"，刻骨铭心。

1976年的某日下午，夕阳西下，我小学三年级，作为后进生，被体育老师罚坐在学校操场角落的石板凳上，忽然，操场上扩音喇叭里传出撕心裂肺的哀乐，和一个低缓而沉痛的声音："伟大的领袖毛泽东……"眼泪唰地涌出，不时用平时抹鼻涕的袖口擦拭。操场上跑步的同学也都止住脚步，平日里喜欢打我小报告的女生，碰巧停在我的跟前。

因为这个女生的小报告，终于在四年级戴上了鲜艳的红领巾。从此，意味着我不再是个不可救药的差生。

我们这届小学读了五年半，打报告女生娇柔漂亮，小校花一枚，她填了敬业中学（区重点），我在她后坐，瞄到"敬业"两字，从来不知"敬业"何意的我，只因"敬色"，在第一栏跟填了这个学校。

我们班，论综合成绩，鄙人第一。论聪明程度，同座第一，赤屁股小学一年级到现在五十年纪、友情从未中断、绰号"小贼"的永泽同学。经常被数学老师"猫猴贼"（他给数学老师起的绰号）教训："陆永泽，你的思想发臭发烂了，立到后头去。"（类苏北口音的国沪双混语，zé音转折，而成为zéi。沪音更干脆，完全同音。）

"小贼"只能乖乖站到教室最后的墙壁根，立壁角 [注3]。

每逢数学课，小动作不断，凶男生、惹女生，扰乱课堂秩序。大考小考，三划两画，二十分钟交卷。数学老师虽然骂他，但不得不佩服此生聪慧。我因是同座，占了许多便宜。做不出的题目，他一指点，马上明白，比"猫"老师还厉害。

四年级后，我数学几乎都是 100 分，他呢？几乎都是不到 100 分。同座的友情，在学校外变成了同友，渐生感情，浓过告密小姑娘。他看我填"敬业"，生气地说："改。"我再瞄一眼他的第一栏："大同中学。"（市重点）少年不知"色"滋味！爽快改之。

我们班，仅两个同学考取大同中学：我和他。

打小报告女生考取敬业中学，据说后来嫁给了日本人。再后来，四十年后一次偶遇，我碰到曾经暗恋的中学女生的姐姐。姐姐很生气，说就是这个小女生，带坏了她的妹妹，两个小姑娘，伐尼伐三［注4］，1980 年代末在大学舞台上跳踢踏舞。

姐姐！我 1980 年代末还留长发搞摇滚乐队呢。

"笑语盈盈暗香去。"两个"坏女生"早已嫁了如意郎君，予甚感欣慰和释怀。

暗香隐隐，风玉铃铃。古人雅意，在微风飘动处，有玉片子相触［注5］，灵动飘逸，音触心弦。风一过，玉相触，碎声糯。唐时的雅音，进而为"风铃"，再而，吹鸣"风菱"。

风菱，一个多么美丽的名字！

明张岱《陶庵梦忆》"蟹会"条："果瓜以谢橘、以风栗、以风菱。"同朝刘若愚《酌中志·饮食好尚纪略》"正月"条：

"斯时所尚珍味，则冬笋、银鱼、鸽蛋、麻辣活兔，塞外之黄鼠、半翅鹖鸡，江南之密罗柑、凤尾橘、漳州橘、橄榄、小金橘、风菱……"

父亲曾经从青浦带回过一种三角菱，让我颇感好奇，以为是畸形菱。其实菱"角"多种，唐段成式《酉阳杂俎》："芰，今人但言菱芰，诸解草木书亦不分别，唯王安贫《武陵记》言：四角、三角曰芰，两角曰菱。今苏州折腰菱多两角。"（新林案：段氏误，王安贫当为伍安贫。）

《本草纲目》："芰实【释名】菱。〔时珍曰〕其叶支散，故字从支。其角棱峭，故谓之菱，而俗呼为菱角也。昔人多不分别，惟伍安贫《武陵记》，以三角、四角者为芰，两角者为菱。《左传》屈到嗜芰，即此物也。"（新林案：李氏误，"屈到嗜芰"出自《国语·楚语上》，而非《左传》。）

自从逃回家，三天没敢出门。老菱被我踩得粉碎，藏到犄角旮旯处"毁尸灭迹"。第四天闷不住，探头探脑，走出门外，脚步轻缓，从"毛主席万岁"墙前走过，斜眼而视，阿弥陀佛，一场大雨冲刷了烂泥，红色的五个大字，在墙上熠熠生辉。

从此，再也不敢，也不想去做弓箭，它可以是风菱啊！父亲带回来的老菱，依然是我的心头之好，姆妈依然用心煮着老菱，我依然用心，边挖边吃。

只是，菱不再是弓箭，而是风铃。我把几个老菱串在一起，挂在老虎天窗上。

微风拂动，吹菱幽鸣，清音飘远……

[注1] 明·刘侗《帝京景物略·卷之二·城东内外》"春场"条云："二月二日曰龙抬头。……其谣云：杨柳儿活，抽陀螺。杨柳儿青，放空钟。杨柳儿死，踢毽子。空钟者，刳木中空，旁口，荡以沥青，卓地如仰钟，而柄其上之平。别一绳绕其柄，别一竹尺有孔，度其绳而抵格空钟，绳勒右却，竹勒左却。一勒，空钟轰而疾转，大者声钟，小亦蛩螀飞声，一钟声歇时乃已。"新林案：空钟即空竹，沪称搓（音"差"）铃。

[注2] 沪语"吃头塌"，被打头。

[注3] 沪语"立壁角"，罚站墙角。

[注4] 沪语"伐尼伐三"，即"不二不三"，意不正经。

[注5] 五代·王仁裕《开元天宝遗事》："岐王宫中于竹林内悬碎玉片子，每夜闻玉片子相触之声，即知有风，号为占风铎。"

一瓢一瓢

　　中学的语文课，我基本没好好上过。不是瞄瞄那个女同学，就是望望窗外的蓝天。眼神经常定漾漾［注1］。老师对我这种后进学生，已彻底"放心"，听之任之。我有时回过神来，也能记下一言半句，比如："贤哉回也！一箪食，一瓢饮，在陋巷，人不堪其忧，回也不改其乐。贤哉回也！"

　　我从小生长在陋巷，故能记得这条长句。老师朗诵得非常深情，读到"回也不改其乐"时，脸上露出舒展的笑容，眼睛却是闭着的（已穿越到春秋的陋巷里）。"回也"两字拖着长音，停顿两秒（害得我肚肠根痒死）［注2］后，"不改其乐"四字迅急而出。最后的"贤哉回也"，一字一顿其音，一顿一摇其头，似乎回味良久！

　　害得我下课尿尿时，余音还在厕所里袅袅。

　　下一节课是语文测验，"这段话出自哪本书？""瓢是什么东西？""如何在逆境中不改其乐？""围绕中心思想写一篇500字的议论文"。

　　一看到"中心思想"四个字，我的脑袋嗡的一下，瞬间糨糊！

　　我家住在陋巷，外面下大雨，里面下小雨。我家有很多葫芦，可以盛小雨。雨越下越大，我越来越快乐，因为雨停后，可以拿这些葫芦，去泼弄堂里的同学……

拿到测验卷子，红色的大叉满纸，只有一处打了勾：葫芦。我们家哪有什么瓢？葫芦是真有，一劈两半的那种。

没想到，四十岁后对古文兴趣渐浓，还费时半年通背《论语》。"贤哉回也"那章无须背，耳朵里余音袅袅三十年呢！"吾岂匏瓜也哉？焉能系而不食？"我认为匏瓜也是葫芦，没想到还真蒙对了。

明朝谢肇淛《五杂组》："今人以长而曲者为瓠，短项而大腹者为葫芦，即匏也，亦谓之壶。"长而曲者是瓠（hù），短项大腹是匏（páo），即葫芦，又称作壶或壶卢。

李时珍《本草纲目》："壶卢【释名】瓠瓜（《说文》）、匏瓜（《论语》）。〔时珍曰〕俗作葫芦者，非矣。葫乃蒜名，芦乃苇属也。其圆者曰匏，亦曰瓢，因其可以浮水如泡、如漂也。"

李时珍把壶卢"释名"为瓠瓜，不甚妥当，形不相称，非一类也。清屈大均《广东新语》："有瓠瓜，形长尺余，两头如一，与葫芦皆以腊月下种。"瓠瓜没短脖子（"短项"）。"俗作葫芦者，非矣"，亦错。俗作葫芦，唐朝即始。

李时珍训匏、瓢"浮水如泡、如漂"，其意甚恰。

一瓢一匏，均为葫芦。

我2015年即四十八岁开始读历代笔记，自小以为，葫芦就是一简陋的盛器。一劈为二，可以舀水，下雨天更可以接漏。从来没想到葫芦能吃。那么硬的东西，牙齿不要磕坏啊？李时

珍云："有毛，嫩时可食。"（《本草纲目》）南宋赵彦卫曰："至秋坚实，乃为器。"（《云麓漫钞》）

既可为盛器，亦可为乐器。《三字经》："匏土革，木石金。丝与竹，乃八音。"我年少时不曾记得学过《三字经》。没文化就是从小种下的，光想着"中心思想"呢！

北宋大食家陶毂曰："瓠少味无韵，荤素俱不相宜，俗呼净街槌。"（《清异录》）

"少味无韵"说出了瓠的味道，"槌"字道出了瓠的形象：棒槌。陶毂的"净街槌"比谢肇淛的"长而曲者为瓠"，在形象上更精准。前者是立体的，后者是抽象的（一根线亦可称之为"长而曲者"）。

元朝的周致中把瓠的形象描绘至前无古人后无来者，其《异域志》述及"大野人"，云："国有大山林，男子奶长如瓠，曾被鞑靼追赶至，将奶搭在手上奔走。会人言，食叶。"

这两只"瓠"，恐怕非"少味无韵"吧？

瓠不怎么好吃，陶毂的本家陶弘景早在南北朝已知晓："瓠与冬瓜气类同辈。……又有瓠瓢，亦是瓠类。小者名瓢，食之乃胜瓠。凡此等皆利水道，所以在夏月食之。"（《本草经集注》）瓢的味道胜于瓠。

"利水道"，译成白话：有利于下水道通畅。人之下水，尿也。一想到尿尿，就回想起四十年前厕所里的余音袅袅。还别说，瓢是葫芦当年也被我蒙对了，清朝李光庭《乡言解颐》"水瓢"条云："壶卢味甘，乡人趁其嫩时，削为条，阴干之，煨肉最佳。"

唐朝宰相郑馀庆在历史上创下了葫芦宴的豪举。郑馀庆卸去相位后，一日闲来无事，召宴数位故朋同僚（"召诸朋朝官数人"）。众人兴致勃勃，早早赴宴。郑毕竟乃昔日宰相，派头十足，晚晚迎客。闲聊半天，众人皆饿，郑相令下："处分厨家，烂蒸去毛，勿拗折项。"（唐《玉泉子》）处分是安排之意。

"烂蒸去毛，勿拗折项"，项是脖子，拗折后摆盘不佳。看来宴席上有鹅有鸭，"众皆朝僚"，平日谁在乎鹅鸭？饿了大半天，别说鹅鸭，就算给根鸭脖，亦啃之兴味。

"逡巡异抬盘出，酱醋亦极香新"。异是共举之意，"异抬盘出"，估计盘子不少，至少要两人共抬才行。"酱醋亦极香新"，这不是勾引众人的馋虫嘛。

唐朝的分食制做得非常好！仅宴数人，竟然"异抬盘出"，宰相的家就是讲究，这些盘啊碟啊，够多够重。每人一碟酱、一碟醋，"粟米饭一碗"略显寒薄，可还有一盘"烂蒸去毛，勿拗折项"的大菜呢！

众人各掀其盘，"极香新"迎鼻而扑：

"蒸葫芦一枚"！

［注1］沪语"定漾漾"，走神。

［注2］沪语"肚肠根痒死"，看别人做事慢，着急又无奈。

蹲鸱芋也

蹲鸱何物？别说今人，唐朝"伏猎侍郎"萧炅就不知。宰相张九龄曾送礼物给萧炅，礼笺上写"蹲鸱"。萧收了礼，回笺云："惠芋拜嘉，惟蹲鸱未至。然寒家多怪，亦不愿见此恶鸟也。"（张岱《夜航船》）

萧炅的回笺倒也文绉绉、礼彬彬：惠送之芋，拜谢嘉赠，只是蹲鸱还没收到，但我们家（寒家是对自家的谦称）颇多怪，不愿意见到这种恶鸟。

鸱（chī）在古代是猫头鹰类的恶鸟，故萧炅以为张九龄送错了东西。张相收到回笺，时逢高朋满座，"九龄以视座客，无不大笑"。

送芋却称蹲鸱，叫郎何识美娘？这个宰相张九龄，有点促狭！

芋的称呼比较复杂，晚清杭州人施鸿保《闽杂记》："闽人称芋大者为芋母，亦曰芋头。小者为芋子……吾乡人称为芋艿，当是芋奶之误。"大的芋叫芋头、芋母，小的叫芋子、芋奶、芋艿（"误"是因"芋字从草，遂并改奶作艿"）；清初屈大均《广东新语》："芋大者魁，小者奶。奶赘魁上下四旁，大小如乳，奶者乳也。"芋大者魁，即芋魁；小者奶，即芋奶。

"奶赘魁上下四旁"，意思是芋奶附着芋魁的四周而生。

从两位清人的记录描述看，大芋称芋头、芋母、芋魁；小芋叫芋子、芋艿、芋奶。

小者"大小如乳，奶者乳也"，我的古文不太好，思想也不太纯，一看到"乳"啊"奶"，会想起玛丽莲·梦露，小菜场里的芋艿好像没那么大！

蒋中正的故乡宁波奉化，人们干脆称芋奶为芋奶头，言简意赅。但小菜场里的芋艿似乎又没那么小！

北宋宰相、药学家苏颂《本草图经》："芋，蜀川出者，形圆而大，状若蹲鸱，谓之芋魁。……其细者如卵，生于大魁旁，食之尤美。"细是小的意思，显然小芋的味道要美过大芋。大芋谓之芋魁，状若蹲鸱；小芋形如卵，窃以为加个"蛋"，意更明了！

小菜场里的芋艿，其大如卵，倒也恰当。

苏颂的"细者如卵，生于魁旁"与屈大均的"奶赘魁上下四旁，大小如乳"，一个意思。

北宋末药学家寇宗奭《本草衍义》所述"当心出苗者为芋头，四边附芋头而生者为芋子"，既符《闽杂记》"芋大者为芋头，小者为芋子"之称，又合《本草图经》"细者如卵，生于魁旁"、《广东新语》"奶赘魁上下四旁，大小如乳"之意！

简而言之，大芋艿叫芋母、芋头、芋魁、蹲鸱；小芋艿叫芋子、芋奶、芋奶头。

我不喜吃芋，嫌它黏黏糊糊；内子相反，好其糯糯绵绵。我们去宁波，一道特色菜"油渣芋艿煨白菜"中的芋艿被内子掠筷飞食，瞬间罄尽。芋要糯绵，甚至软烂，其味才佳。袁枚《随园食单》："芋煨极烂，入白菜心烹之，加酱水调和，家常菜之最佳者。"又："芋性柔腻，入荤入素俱可。或切碎作鸭羹，或煨肉，或同豆腐加酱水煨。徐兆璜明府家，选小芋子入嫩鸡煨汤，妙极！"

小芋子就是芋奶头。

芋艿可蔬，亦可饭，苏颂《本草图经》谓"芋"云："彼人种之最盛，可以当粮食而度饥年。"李渔《闲情偶寄》："瓜、茄、瓠、芋诸物，菜之结而为实者也。实则不止当菜，兼作饭矣。"内子经常带几个蒸芋，到单位当午饭。既解了馋，又饱了腹，一举两得。

芋艿是我国的原生植物，有两千多年的历史，古人偶然发觉芋艿可食，但样子古怪，"若鸥之蹲坐"（《本草纲目》），像一只蹲坐着的猫头鹰。文字是中华文明之根，其本则为象形。芋艿的古称"蹲鸱"，象形而名。

蹲鸱之名，最早出自《史记·货殖列传》："汶山之下，沃野，下有蹲鸱，至死不饥。"唐朝张守节注曰："蹲鸱，芋也。"[注1] 司马迁记述了两千多年前的古蜀汶山下，有芋可食，无饥之虞。

司马迁没说蜀地蹲鸱是否野生，百年后刘歆记载陈广汉资业有"蹲鸱三十七亩"(《西京杂记》),也没道明陈的蹲鸱是否种植。《齐民要术·种芋第十六》引《氾胜之书》"种芋"法,可知西汉末年芋芳已经得以广泛种植。

蹲鸱之名,从汉至魏晋南北朝,一直沿用。南朝梁昭明太子萧统所编《文选》,是现存最早的诗文总集,在其后的隋唐时代演变成"文选学",引无数学者研究注解!西晋左思引发洛阳纸贵的"三都赋"(《蜀都赋》《吴都赋》《魏都赋》)亦收入其中。

《蜀都赋》里有一句"蹲鸱所伏",要是我没有看过三百多本历代笔记,照字面意思,或许会如本文开头"伏猎侍郎"萧炅[注2]的理解而翻译成白话文:一只蹲着的猫头鹰在悄悄地埋伏。

既然"文选学"已成专门之学,唐朝自然有一批学识渊博的文人来研究和注解。据刘肃《大唐新语》记载,"东宫卫佐冯光震入院校《文选》,兼复注释",院指唐朝的研究院"弘文馆"。能进入最高研究院校注《文选》,是无上荣耀啊!

你猜,冯光震如何注解"蹲鸱所伏"之蹲鸱?他倒是没把蹲鸱注解为猫头鹰,但芋芳有毛啊,芋芳的形状像萝卜啊!

"今之芋子,即是着毛萝卜。"

[注1]《史记·货殖列传》:"汶山之下,沃野,下有蹲鸱,至死不饥。"史记三家注,南朝宋·裴骃《史记集解》、唐·司马

贞《史记索隐》、唐·张守节《史记正义》的合称。原各单行，至北宋始，合为一编。1959 年中华书局出版《史记》，即点校本"史记三家注"。新林案："集解"，汇诸家之解，断以己意，以助理解；"索隐"，搜索探隐之意；"正义"，正名其义，即对古书的旧注作进一步解释。另，唐·李吉甫《元和郡县图志》卷三十二《剑南道中·茂州》："汶山即岷山也。"

[注2]《新唐书·列传第五十四·严挺之传》："户部侍郎萧炅，林甫所引，不知书，尝与挺之言，称'蒸尝伏腊'乃为'伏猎'。挺之白九龄：'省中而有伏猎侍郎乎！'乃出炅岐州刺史，林甫恨之。"【成语】伏猎侍郎：萧炅将夏、冬祭祀节日名的"伏、腊"读作"伏、猎"，故被讥为"伏猎侍郎"。后泛指不学无术的人。

非草非木

非草非木，竹子。竹之子，笋。故《尔雅·释草》："笋，竹萌。"

后世晋人戴凯之为竹愤慨："然竟称草！"（《竹谱》）戴氏认为"竹，不刚不柔，非草非木。若谓竹是草，不应称竹，今既称竹，则非草可知矣"。中国文学史上"为竹鸣冤"的《竹谱》就此诞生。

《四库提要》："惟《酉阳杂俎》称《竹谱》竹类三十九，今本乃七十余种，稍为不符，疑《酉阳杂俎》传写误也。"《酉阳杂俎》乃唐大食家段成式所著，至宋元后，明药学家李时珍传写更误："晋武昌戴凯之、宋僧赞宁皆著竹谱，凡六十余种。"（《本草纲目》）

晋戴凯之著《竹谱》，宋僧赞宁所著乃《笋谱》。竹笋有别，类乎大人孩童。童萌可爱，男猛威武，否则《尔雅》何必说"笋，竹萌"。北魏贾思勰《齐民要术》卷第五引孙炎注曰："初生竹谓之笋。"

思勰之引，虽为简洁，易生歧义："汉人有适吴，吴人设笋，问是何物？语曰：竹也。归煮其床箦（床席）而不熟，乃谓其妻曰：吴人轞辘，欺我如此。"（三国魏·邯郸淳《笑林》）

轇辘（lìù），车轨道，意"诡道"。

孙炎是三国魏经学家，师从大儒郑玄，著有《尔雅音义》。同样是引，北宋邢昺比较严谨："孙炎曰：'竹初萌生谓之笋。'凡草木初生谓之萌，笋则竹之初生者，故曰笋，竹萌也。可以为菜肴。"（《尔雅注疏》）[注1]

"可以为菜肴"是关键一句。笋者有三，一曰"甘美"，二曰"堪食"，三曰"有毒"。若入菜，则"甘美"回味，"堪食"难咽，"有毒"命休。故，邢昺比较严谨，尚非特别严谨。

初生竹谓之笋，《四库提要·笋谱》："赞宁，德清高氏子，出家杭州龙兴寺，吴越王钱镠署为两浙僧统。"赞宁俗姓高，"僧""释"为其名头，世称"僧赞宁"或"释赞宁"。为僧为释，修得高境，不为俗动，《笋谱》自序，平静祥和，缓缓叙述，说竹道笋，大多令人信服。

竹之萌，笋；笋之长，竹。竹笋一体，说竹要道笋，道笋要说竹。《竹谱》着重记竹，《笋谱》着力记笋。

《三字经》："匏土革，木石金。丝与竹，乃八音。"竹管清音，从古至今，《汉书·律历志》："八音：土曰埙，匏曰笙，皮曰鼓，竹曰管，丝曰弦，石曰磬，金曰钟，木曰柷。"又："声者，宫、商、角、徵、羽也。五声和，八音谐，而乐成。"五声（宫、商、角、徵、羽）按五度的顺序相生，类似简谱1、2、3、5、6。

五声者，宫为本："五声之本，生于黄钟之律。九寸为宫，或损或益，以定商、角、徵、羽。"宫为本，竹音定，《汉书·律历志》："黄帝使泠纶，自大夏之西，昆仑之阴，取竹之解谷生，其窍厚均者，断两节间而吹之，以为黄钟之宫。"泠纶即伶伦。四千年前，当一支竹笛的笛音在中原大地上响起，那该是多么的清音啸远……

竹曰管。管之乐，非仅笛，亦箫亦簛，亦笙亦竽："箫笙之选，有声四方。质清气亮，众管莫伉。鲁郡邹山有篠，形色不殊，质特坚润，宜为笙管，诸方莫及也。"（《竹谱》）"质清气亮，众管莫伉"，在音质清亮上，其他管乐不能相比。

竹可为乐（人和），亦可为箭（人斗），左思《吴都赋》："其竹则筼筜箖筹，桂箭射筒。柚梧有篁，篃篛有丛。"晋人刘逵引《异物志》注曰："篃竹，大如戟槿，实中劲强，交趾人锐以为矛，甚利。篛竹，有毒，夷人以为觚，刺兽，中之则必死。"

篛竹有毒，《竹谱》："百叶竹，亦曰篛竹。生南垂界，甚有毒，伤人必死。一枝百叶，因以为名。刘渊林云：篛竹有毒，土人以刺虎豹，中之辄死。"刘逵字渊林，以注《三都赋》留名后世。

"篃篛（piǎoláo）"二竹，一利一毒。篃竹虽利，其笋堪食，《笋谱》："篃竹笋，其竹实中，见《吴都赋》。中笋坚大可食。篃出韶州，径五六寸，中为弓弩。笋堪食，自秋生至于冬末。春即不生矣。"堪食，可以吃。但不好吃！

赞宁亦记筹竹，《笋谱》："筹竹笋，'其竹皮薄而空多，大者径不过二寸。皮上有粗涩文，可为错鐪物，并爪甲利于铁作者。若用久钝，则浆水洗，还复快利。'其笋无肉。今详：微多毛。犹或杀人，岂况粗可鐪？笋皮亦涩，理而可食乎？一云筹竹，一枝百叶，有毒。"错鐪，打磨。筹竹皮作为爪甲锉比铁制品更好（"并爪甲利于铁作者"）。不过赞宁颇疑，此竹既可杀人，岂可为错鐪物？笋皮既涩，又岂可食乎？

前段是引文，引自唐刘恂《岭表录异》，原文为："篃筹竹，皮薄而空，大者径不逾二寸。皮上有粗涩文，可为错子错甲，利胜于铁。若钝，以浆水洗之，还复快利。（《广州记》云：石林之竹，劲而利，削为刀，割象皮如切芋。）"逾，超过。错子，锉子；错甲，锉指甲。

以文字论，刘恂高出赞宁一大节。括弧内是刘恂自注，《广州记》为晋人裴渊所著，今亡佚。非常凑巧，晋人嵇含亦记"石林之竹"，《南方草木状》："石林竹，似桂竹，劲而利，削为刀，割象皮如切芋。出九真、交趾。"

割象皮如切芋，反正吹牛皮不要钱！两个晋人，文字几同，死无对证。

竹，为刀为错，皆器也。清屈大均《广东新语》："竹，篾可织，皮可剉物，土人制为琴样，以砺指甲。有蒲竹，性坚而直，亦可作屋材。有大头竹，径五六寸，长者三四丈，宜为枧，通水。有单竹……篾与白藤同功，练以为麻，织之，是曰竹布。有篱竹，大者径寸，削之利如剑戟，小者镞羽为箭能及远，其叶箬亦曰白叶。叶生甚密，状如苇，可编篱落作罩及船篷。有水竹，水居者以为障蔽，作撑篙非此莫胜。"

竹篾可织，竹皮可刬。竹，可为"指甲锉""屋材""枧（通水器）""竹布""剑戟镞羽""苍蝇罩（予想象）""船篷""撑篙竿"。尤其竹布，屈大均再添一笔，其书"葛布"条："唐时端、潮贡蕉布，韶贡竹布。竹布产仁化，其竹名曰丹竹，丹亦曰单。竹节长可缉丝，织之名丹竹布，一名竹練。"韶指广东韶州，今韶关。

蕉布，《南方草木状》："甘蕉，其茎解散如丝，以灰练之，可纺绩为絺绤，谓之蕉葛。""絺绤（chīxì）"：絺，细葛布；绤，粗葛布。

葛布是古代的夏衣，《论语》："当暑，袗絺绤，必表而出之。"单衣叫袗（zhěn）。葛布俗称"夏布"，质地细薄，清凉透风。好的葛布，织成后"弱如蝉翅，重仅数铢"。唯一缺点，透风凉爽，透光走光，类似今天的透视装，故需"表而出之"，表是外衣，要穿件外衣才能出门（详见拙著《论语之旅》）。

《笋谱》："白竹笋，连州抱腹山多生此竹，茎径白节，心少许绿。彼土人出笋之后，落箨撒梢，时采此竹，以灰煮水浸，作竹布鞋。或掐一节作箐，谓曰'竹拂'。若贡布，一疋只重数两也。"疋（pǐ），同"匹"。

由此可知，竹可器者，多矣！

小到可为筷子："沙筯竹，长尺许，其心如骨，白而劲，可以为筯。"（《广东新语》）筯，同"箸"。大到可作升子："镛竹笋，出广州。此本竹绝大，内空，容得三升许米。交广以来人将此作升子，量出纳。"（《笋谱》）

再大者，可为船："员丘帝竹，一节为船。"（《竹谱》）唐宋之前的历代笔记颇多志怪，汉东方朔《神异经》："南方荒中有涕竹，长数百丈，围三丈五六尺，厚八九寸，可以为船。其笋甚美。"

汉朝 1 尺 = 23.1 厘米，一丈 = 10 尺 = 10 × 23.1 厘米 = 231 厘米 = 2.31 米，百丈 231 米，"长数百丈"，仰高而望，脖子自断，可能吗?!"围三丈五六尺"，竹围 3.6 丈 = 3.6 × 2.31 米 = 8.316 米，合直径 8.316/3.14 ≈ 2.65 米，近 3 米宽的半圆竹子，的确"可以为船"。"其笋甚美"，不知笋大几何，抱啃之?

唐宋以后，笔记比较真实，《岭表录异》："贞元中，有盐户犯禁，逃于罗浮山，深入第十三岭，遇巨竹万千竿，连亘岩谷。竹围皆二丈余，有三十九节，节二丈许。逃者遂取竹一竿，破以为篾。会赦宥，遂挈以归。有人得一篾，奇之，献于太守李复，乃图而纪之。予尝览《竹谱》，曰：'云丘帝竹，一节为船。'又何伟哉!"赦宥，官方赦免其罪。

刘恂所记故事，有鼻子有脸（盐户犯禁，避罪深山，遇见巨竹，破之为篾，太守得篾），有图有真相（"图而记之"），或为真事。"三十九节，节二丈许"，唐朝 1 尺 = 30.6 厘米，

$39 \times 2 \times 3.06 = 236.68$ 米，几乎等高于上海 21 世纪大厦，抬头仰望，至少脖子不会扭断！

刘恂也读《竹谱》，云丘帝竹，即"员丘帝竹"，何其伟哉！

还有更伟的？有！"篝竹笋，竹本根长千丈，断节为大船。生海畔山。其竹萌可数丈，犹为笋也。"（僧赞宁《笋谱》）

竹长千丈，竹萌数丈。和尚和尚，欺我欺我！

[注 1] 晋·郭璞注、宋·邢昺疏《尔雅注疏》。新林案："疏"，对古书的正文和旧注作进一步解释，有疏通之意，予谓之"注上注"。

千里莼羹

《晋书·张翰传》："翰因见秋风起，乃思吴中菰菜、莼羹、鲈鱼脍。"[注1]

饮馔入史，寥寥无几，莼羹甚幸。莼羹其味，滑柔清润，滋味纯美。古人描绘莼菜，令今人望其项背，"其味香粹滑柔，略如鱼髓蟹脂，而清轻远胜"（《袁中郎全集》）。明朝袁宏道一笔而墨，如诗如画，淡雅清远，柔飘幽韵。

春夏之莼，古代有个美称，曰"丝莼"。五代后蜀药学家韩保昇谓之"味甜体软"，体指莼之嫩叶，若佳人清虚纤体。

秋日之莼，曰"猪莼"。李时珍说"言可饲猪也"（《本草纲目》），莼菜饲猪，其味何堪？南宋张邦基《墨庄漫录》："莼生于春，至秋则不可食，不知何谓。而晋张翰亦以秋风动而思菰菜、莼羹、鲈鲙，鲈固秋物，而莼不可晓也。"

秋风思莼，不可理喻。晓其理者，明张岱也，《夜航船》："秋时长丈许，凝脂甚清。张季鹰秋风所思，正为此也。"长丈许，指莼菜的长茎。茎上有凝脂，脂润而羹，入口也滑，其味也柔。

张岱乃大食家，张翰更因莼羹而青史留名，以至"莼鲈之思"为思乡之词。张翰"思吴中"，最早出自《世说新语》：

"张季鹰辟齐王东曹掾，在洛，见秋风起，因思吴中菰菜羹、鲈鱼脍，曰：'人生贵得适意尔，何能羁宦数千里以要名爵！'遂命驾便归。俄而齐王败，时人皆谓为见机。"

张翰被任命为齐王司马冏的东曹属官，秋风起，思乡而不恋官，从洛阳回到故乡吴中（吴郡吴县，今苏州）。不久齐王（八王之乱有其份）败死，时人称赞张翰能辨机行事。

《世说新语》有"菰菜羹"无"莼羹"（《晋书》仅多个"莼"，使"莼鲈之思"升格为成语）。莼羹在《世说新语》里有无记载？有："陆机诣王武子，武子前置数斛羊酪，指以示陆曰：'卿江东何以敌此？'陆云：'有千里莼羹，但未下盐豉耳！'"

陆机拜访王济（字武子），后者指着自己案前的羊酪，问陆机："你们江南有何物能抵此？"陆机曰："有千里莼羹，但未下盐豉耳！"

《晋书·陆机传》［注2］记载略同："又尝诣侍中王济，济指羊酪谓机曰：'卿吴中何以敌此？'答云：'千里莼羹，未下盐豉。'时人称为名对。"

名对比"有千里莼羹，但未下盐豉耳"少了两个字："有"和"但"。

"有千里莼羹，但未下盐豉耳"，意谓莼羹放盐豉味更美。杜甫"豉化莼丝熟"，苏轼"每怜莼菜下盐豉"，陆游"豉下湖莼喜共烹"。

"有"可有可无，"但"字一出，剑锋偏转，引出后世对"千里莼"的千年争论！

北宋黄朝英《缃素杂记》："盖洛中去吴，有千里之远，吴中莼羹，自可敌羊酪，但以其地远未可猝致耳，故云但未下盐豉耳。意谓莼羹得盐豉尤美也。此言近之矣，今询吴人，信然。"黄朝英询问过吴人，盐豉入羹，其味更美！

南宋吴曾虽然认同黄朝英之说，但话锋一转："或人以未下为地名，正以史削去'但'一字而已。"（《能改斋漫录》）《晋书》削去"但"字，有人把"未下"认作地名，顺理成章。

古人作文，讲究对偶。既然"未下"是地名，则"千里"亦为地名。以至"未下"被认为乃"末下"误笔。南宋沈作喆《寓简》："然则'千里'盖吴中地名，前人以比'末下'盐豉，皆地名无疑也。"

南宋王楙《野客丛书》："或者谓千里、末下皆地名，莼、豉所出之地。"并言之凿凿："仆尝见湖人陈和之，言千里地名，在建康境上，其地所产莼菜甚佳，计末下亦必地名。"

王楙听人说，"千里"在建康（今南京）。近代梁实秋先生在《千里莼羹 末下盐豉》另有一说："末下即秣陵，可能不误。秣陵是古地名，其地点代有变革，约当今之南京。"（《雅舍谈吃》）

"千里"在南京，"末下"也在南京，我都被搞糊涂了！搞糊涂的又不是我一个，梁先生在文末"欲起赵璘于地下而质之"，因唐朝赵璘是言"末下乃地名，千里亦地名"的始作俑者。我把赵璘《因话录》翻来覆去看了三遍，根本没找到这句话，"恨得"吾欲起梁实秋于地下而质之！

从古至今，描写莼的诗实在太多，最著名还是杜甫"我恋岷下芋 [注3]，君思千里莼"（《赠别贺兰铦》），我想贺兰铦当是江南人。"岷下"非地名，岷是四川岷山。杜甫留恋岷山下的芋，贺兰铦思念家乡（江南离四川千里）的莼。

杜甫离陆机毕竟差了四百多年，他的诗也证明不了"千里"不是地名。最好的证明，还是《世说新语》里张翰所言"人生贵得适意尔，何能羁宦数千里以要名爵"！羁宦是在外做官的意思。

人生贵在适意，我哪能离乡千里做官来谋求名声爵位呢！

张翰哪朝人？西晋人。陆机又是哪朝人？西晋人！

张翰哪里人？苏州人。陆机又是哪里人？苏州人！

[注1]《晋书·列传第六十二·张翰传》："张翰，字季鹰，吴郡吴人也。"

[注2]《晋书·列传第二十四·陆机传》："陆机，字士衡，吴郡人也。"

[注3] 岷下芋，岷山下的芋，出自《史记·货殖列传》："汶山之下，沃野，下有蹲鸱，至死不饥。"蹲鸱即芋，"汶山即岷山也"（唐朝李吉甫《元和郡县图志》卷三十二《剑南道中·茂州》）。

馄饨滋味

中国人没吃过馄饨的，大概没有。我爱吃馄饨，小馄饨、大馄饨。小馄饨以皮薄汤浓为上，大馄饨以馅丰汤清为佳。我在2014年吃过的大小馄饨，恐怕超过前半生的总和（参见拙著《小吃大味》）。

今之馄饨，在古人面前，不堪一提。陶穀《清异录》记载了唐朝宰相韦巨源，上"烧尾食"请宴唐中宗李显。其五十八道菜均堪称极品，代表当时唐朝饮食文化的最高水准，其中有一道"生进二十四气馄饨（花形馅料各异，凡二十四种）"。括弧内是陶穀的原注，陶穀乃北宋开国大臣、大食家，亦从未见识"花形馅料各异"的"二十四种"馄饨。

馅料各异，我也能做：青菜馅、芹菜馅、白菜馅、花菜馅、生菜馅、荠菜馅、菠菜馅、香菜馅……花形二十四种的馄饨，不要说我，即使陶穀，也想象不出其貌何如。唉！怪只怪唐朝没有拍照手机。要是有，皇帝和大臣们你拍我拍大家拍，何其欢乐也！拍好五十八道菜（仅二十四气馄饨要按二十四下手机），发好朋友圈（皇帝妃子多，朋友圈爆棚），热菜冷掉，馄饨僵掉。

馄之名，最早见诸《方言》[注1]卷十三："饼谓之饦，或谓之饦馄（案：徐坚《初学记》全引此条作'或谓之饦，或谓之馄'）。"括弧内"案语"是郭璞所注。汉末刘熙《释名》："饼，并也，溲面使合并也。"溲面是以水揉面的意思。也就是说：揉面后捏在一起做出的面食都称为饼！

《北户录》[注2] 卷二："浑沌饼（《要术》书上字。《广雅》曰馄饨也。《字苑》作馎。颜之推云，今之馄饨，形如偃月，天下通食也）。"括弧内是晚唐崔龟图所注。这段文字虽短，却关乎馄饨姓名，有考据癖的详见 [注3]。

馄饨考据实在没劲，馄饨要好吃才过瘾！

南宋陈世崇《随隐漫录》记载的"玉食批"，有一碗顶级馄饨：螯肉馄饨，"以蝤蛑为馄饨，止取两螯，余悉弃之地"。"止取两螯"也就罢了，"余悉弃之地"，真乃暴殄天物也！蝤蛑不止两螯弹美，壳内饱膏亦韧美（参见本书《蝤蛑螯然》）。一只馄饨，二螯蝤蛑，又几多民脂民膏？

纵观历代笔记，从古到今，螯肉馄饨，堪称唯一。

予开首所言"大馄饨以馅丰汤清为佳"，正合古人之意。陶谷《清异录》记载"建康七妙"，其一乃"馄饨汤可注砚"，喻其汤清。没承想，隔了三朝，引来清人梁绍壬的调侃："《清异录》：'金陵士大夫家，饼可印字，馄饨汤可注砚。'饼固宜以薄为主，若汤可注砚，则其乏味可知。今京师致美斋清汤馄饨，是其遗制。"（《两般秋雨盦随笔》）顺带着把京师名店的馄饨，数落一番。

致美斋馄饨我有印象，梁实秋先生《雅舍谈吃》："馆子里卖的馄饨，以致美斋的为最出名。好多年前，《同治都门纪略》就有赞美致美斋的馄饨的打油诗：'包得馄饨味胜常，馅融春韭嚼来香，汤清润吻休嫌淡，咽来方知滋味长。'这是同治年间的事，虽然已过了五十年左右，饭馆的状况变化很多，但是他的馄饨仍是不同凡响，主要的原因是汤好。"

梁先生说汤好，好在"汤清润吻休嫌淡"，妙在"咽来方知滋味长"；梁先生说汤"乏味"，估计嫌淡。一个是民国人，一个是清朝人，我又不能两边劝架。

"味胜常"之馄饨，要配"味悠长"之清汤。中国人几乎家家会包馄饨，"味常"者居多；"味胜常"者，少之。味异常者，恐添麻烦，元陶宗仪曾记载吏部郎中乔仲山"家制馄饨得法，常苦宾朋需索"（《南村辍耕录》），乔氏"所交皆名人才士"，均好食乔家馄饨，"宾朋需索"，苦不堪言，索性于某日大摆馄饨宴，但"于每客前先置一帖，且戒云：食毕展卷"。受邀之士，无不欢颜，大吃特吃，食饱展卷，"乃制造方法也"，众人"大笑而散"。至此以后，再无上门白吃者。

古人云"吃要有吃相"，吃馄饨亦有其相：咬一口馄饨，喝一口清汤。心平气和，才能"汤清润吻"，一咽而知"滋味长"。无奈古有怪癖之人，今恐无后。张咏是北宋太宗、真宗两朝名臣，号乖崖，北宋文莹记载"张乖崖性刚多躁，蜀中盛暑食馄饨，项巾之带屡垂于碗，手约之，颇烦急"（《玉壶清话》），吃馄饨总是要低头的，这可好，头巾上的带子垂落碗中。"约"，本意束，此处释"撩"颇为得当。

屡垂屡撩，张乖崖傲然之气遽然爆发，"取巾投器中曰：但请吃"，居然把头巾抛入碗里，喝道："你自己请吃个够罢！"馄饨何其无辜也，你说你个堂堂大臣，跟一碗馄饨较什么劲啊！

人一旦发火，往往嘴手并用，嘴上"但请吃"，手上"舍匕而起"：乖乖，吃碗馄饨，竟然扔匕首。张乖崖，你堂堂大臣耍流氓啊！群众蜂拥而至，有偷偷拍手机者……

且慢，《方言》："匕，谓之匙。"

[注1]汉•扬雄撰、晋•郭璞注《輶轩使者绝代语释别国方言》，简称《方言》。

[注2]唐•段公路撰、唐•崔龟图注《北户录》。

[注3]"《要术》书上字"，缪启愉《齐民要术校释》"饼法第八十二"注①："唐段公路《北户录》卷二'食目'中记载有'曼头饼'和'浑沌饼'，唐崔龟图注说：'《齐民要术》书上字。'这很重要，说明唐本《要术》中原有如上写法的二种饼，但今本《要术》此二饼并无，显然已佚阙。"另，"《广雅》曰馄饨也"，唐释玄应《众经音义》卷第十五："《广雅》：馄饨，饼也。"《广雅》是我国最早的一部百科词典，三国时魏人张揖撰。新林案：《众经音义》又名《一切经音义》，引《广雅》"馄饨，饼也"，显然唐本《广雅》有曰，而今本佚阙。

贻我来年

旅行大概没有人不喜欢的。我的同学，因缘时代，多有成就。微信同学圈，时见晒图旅行。全世界各地的美丽景色，足不出户，便可浏览。但他人之景，非我之影。人生亦如此，他人之甜蜜，非我能回忆。我之苦难，非他人能身感。

我旅我行，我忆我旅。人生本就是一次长长的旅行，来过看过，忆过念过。

我曾于1987年暑假，在西南旅行了一个半月。那年我大二，自初三埋下病因，已整整五年。身心疲惫，绝望之际，想放逐自己。放逐之地，要远而荒，荒而凄凉。听闻有个九寨沟，颇合心愿。

机缘巧合，在同学家杂志上，见到一行字：成都汽车西站，长途车到南坪（现九寨沟县），转车至九寨沟。于是就有了这次远行放逐，除九寨沟外，余地皆在地图上随意勾选。

1987年的九寨沟，风景绝美，略带凄凉，几无人影。早上进沟，下午才找到住宿地。次日清晨，孤身一人，徒步三十里，去往长海。行至五彩池，放眼望去，如入仙境，池色斑斓（深蓝、浅蓝、青蓝、绿蓝，斑斑驳驳）。过往苦难，一抛脑后，忽发奇想，何不在此游上一泳？果敢而行，脱衣跃入，差点没把我冷死（大夏天，沟里晚有凉意）。

晚上回到藏民家，在篝火边，喝青稞酒，就青稞粑，暖意融融。出门散步，高原晚落的夕阳下，眼前一大片金黄灿灿，麦穗在风中摇曳，当时我以为是稻子。三十年后才知，青稞是麦子。北魏贾思勰《齐民要术·大小麦第十》："青稞麦：堪作饭及饼饦，甚美。"南北朝时，饼饦是面片。藏民用青稞做成糌粑，既便于携带储藏，又"甚美"。

异地馔饮风情，尽在民食小吃。

2012年和内子去西安旅行，首做攻略，乃西安附近的韩城，只因司马迁祠墓坐落在韩奕坡悬崖上。次选韩城小吃，网络上仅两张照片：一个店面（没门牌号）和一碗红油汤〔"羊肉饸饹（héle）"〕。予在旅行方面，略有异禀。仅凭两照，在韩城寻到此店，叫上两碗"羊肉饸饹"。

这家小店，烧煮台上有大小锅儿口，分盛不同调料。简述其制：荞麦面先煮熟，在沸水里一烫（过去用"饸饹床子"把荞麦面压制进沸水热锅），浇上红红的臊子汤〔即"红油汤"，臊子用羊油炒制，遵循传统——"荞麦面和饹，用羊肉臊"（清《调鼎集》）〕、红红的醋、葱花、韭菜，一碗红艳可人的"羊肉饸饹"即成。

撩一筷子饸饹，"缠绵"。羊肉饸饹之美，在面"筋"，在汤"浓"。韩城辣椒，红而不辣。韩城香醋，浓而不酸。真正是汤浓而不腻，酸香而肆溢！

元朝王祯《农书·卷七·谷属》"荞麦"条："北方山后诸郡多种治。去皮壳，磨而为面，摊作煎饼，配蒜而食。或作汤饼，谓之河漏。滑细如粉，亚于麦面。风俗所尚，供为常食。"汤饼是面条的祖宗（参见拙著《古人的餐桌》之《汤饼不托》及《面条丝缕》）。汤饼一词，早起北宋、晚至明清，与面条并行而称，渐称渐弱，渐称渐没。王氏之"河漏"，即韩城之"饸饹"；王氏之"细"，即面条之细。

予以为，"河漏"因器而名。荞麦面黏性差，古人制作出"河漏床子"，一种压制荞麦面，使成"细面"、如"河"水"漏"入热锅而煮食的器具。"河漏"在各个地方，称呼不一：饸饹、和络、活络、合酪。

清人李光庭《乡言解颐》："麦、菽二屑各半，和面，用木床铁漏按入沸汤中，熟而取出，拌卤食之，较之活络、瓢儿漏，柔软细腻。"清朝的木床铁漏，保留到现在，也是文物一件。"柔软细腻"即予所谓"缠绵"！

《乡言解颐》是李光庭晚年追忆故乡天津宝坻"谣谚歌诵，耳熟能详"之作："昔年之小饭铺，不过逢市集之期，卖麻花、烧饼、活络之类。"天津人称之为"活络"。

清人潘荣陛《帝京岁时纪胜》则是记录北京岁时风土，其"九月时品"条："茰囊辟毒，菊叶迎祥，松榛结子，韭菜开花。新黄米包红枣作煎糕，荞麦面和秦椒压合酪。"压合酪，道出饸饹要"压"，北京人称"饸饹"为"合酪"。却不知，今还存否?

《乡言解颐》四库本,不著撰人,经周作人考证后著者为李光庭。张爱玲在《谈吃与画饼充饥》一文中说"周作人写散文喜欢谈吃","写来写去都是他故乡绍兴的几样最节俭清淡的菜","炒冷饭的次数多了,未免使人感到厌倦"。张爱玲姐姐的锋芒像极知堂老人的哥哥鲁迅,合着该他吃瘪喝酸。

张姐姐在文中提到一种叫"粘粘转"的小食:"我姑姑有一次想吃'粘粘转',是从前田上来人带来的青色的麦粒,还没熟。我太五谷不分……只听见下在一锅滚水里,满锅的小绿点子团团急转——因此叫'粘粘(拈拈? 年年?)转',吃起来有一股清香。"

张姐姐没想到,这种小食,早在清朝已有,偏偏又是与知堂老人有瓜葛的李光庭所记载,其言"碾转"一食:"来牟之外,乡人有所谓雅麦者,先半月熟,专为作碾转之用。取其粒之将熟含浆者,微炒,入磨下,条寸许,以肉丝、王瓜、莴苣拌食之,别有风味。"(《乡言解颐》)[注1]"将熟含浆",麦青含羞;"条寸许",碾转其形。李光庭并赋诗曰:"磨中麦屑自成条,麦兮磨兮俱可贺。堆盘连展诗人羡,村姬争夸碾碾转。"

张爱玲说的"粘粘转",即李光庭之"碾碾转"。清朝北京人似乎总是跟天津人对着干,《乡言解颐》曰"活络",《帝京岁时纪胜》则言"合酪";《乡言解颐》言"碾转",《帝京岁时纪胜》却曰"撵转",后者在"五月时品"中言:"小麦登场,玉米入市。蒜苗为菜，青草肥羊。麦青作撵转，麦仁煮肉粥。"

往前推一朝，名称又成"稔转"，明朝刘若愚《酌中志·饮食好尚纪略》"四月"条："取新麦穗煮熟，剁去芒壳，磨成细条食之，名曰稔转，以尝此岁五谷新味之始也。"

还可以往前推吗？可以。五年来我校读三百多本历代笔记（饮食部分），于归类小有心得。这"转"那"转"，还不都是在碾磨盘里转！清朝大学者王士禛《池北偶谈·谈艺三·唐诗字音》："陆游'烧灰除菜蝗'，蝗仄声。'拭盘堆连展'，连上声，今山东制新麦作条食之，谓之连展，连读如辇。"王士禛本山东人，标记"连"的鲁音为辇（niǎn），与"碾（niǎn）"同。

王士禛猛一"推磨"，真叫厉害，直接把"粘粘转"从民国推到了南宋，陆游《剑南诗稿·卷五十六·邻曲》："浊酒聚邻曲，偶来非宿期。拭盘堆连展（淮人以为麦饵）……青桑长嫩枝。"括弧内是陆游自注。饵，《说文》："粉饼也。"麦粉蒸屑为之"麦饵"[注2]。

"拭盘堆连展"，磨盘擦拭，"连展"堆展。粘粘转、碾碾转、稔转、连展，转啊展啊，晕头转展，知麦而不知何麦。

《光绪靖江县志·食货志·土产》："麦有大麦，牟也，有早晚二色，或四棱，或六棱；小麦，来也，亦仿早晚二色，有舜哥，有紫秆；元麦，俗呼曰穬，三月熟者带青炒食，磨之似新蚕；又梗者曰舜麦，色稍赤。均可饭。"

《乡言解颐》"来牟之外"之"来牟"，居然是小麦、大麦！

《本草纲目》："小麦【释名】来。〔时珍曰〕《诗》云'贻我来牟'是矣。"《诗》指《诗经》[注3]，由《诗经》知，小麦大麦在我国有着悠远的历史。

《乡言解颐》"乡人有所谓雅麦者"，即《光绪靖江县志·食货志·土产》"元麦，俗呼曰穬，三月熟者带青炒食，磨之似新蚕"——色香形全，一条条扭曲曲绿油油馋诱诱的"小蚕青麦"。

"小蚕青麦"，一蚕三符合：李光庭"磨中麦屑自成条"、刘若愚"磨成细条"、王士禛"制新麦作条"。穬，《康熙字典》："稻名也。"那么元麦到底是什么麦？

《本草纲目》："大麦【释名】牟麦。【集解】〔藏器曰〕大麦是麦米，但分有壳、无壳也。"藏器，指唐朝药学家陈藏器。大麦分有壳、无壳，大麦之壳，学名为稃（稃壳），五代南唐徐锴《说文解字系传》："稃，穬也。臣锴曰：稃即米壳也。草木华房为柎，麦之皮为麸，音义皆同也。"臣锴，徐锴对南唐二主的自称[注4]。

"音义皆同也"，稃、麸"音皆同"（fū）；稃、麸"义皆同"，麦之皮为"麸"，为"稃（稃壳）"。

藏器所释之"有壳"即今普通大麦，又称皮大麦、带壳大麦、有稃大麦——子粒成熟后与稃壳紧粘之大麦。而藏器所释之"无壳"，即今裸大麦——子粒成熟后与稃壳易脱之大麦。

古人文雅，"裸"不出口。因此，李光庭所言"雅麦"，不雅名为"裸大麦"。裸，脱衣（"衣"，裎也，袒也）也。我这样说，您能理解吧！元，始也。人始为裸，没见过穿衣服出生的婴儿。故，"元麦"即"裸大麦"。

那青稞到底是什么麦？《本草纲目》"大麦"条引〔藏器曰〕继记一笔："青稞似大麦，天生皮肉相离。"皮肉相离——子粒成熟后与稃壳易脱之大麦，裸大麦。

清段玉裁《说文解字注》："稞，谷之善者（谓凡谷颗粒俱佳者。《广韵》云：'净谷。'古音读如颗）。一曰无皮谷（谓谷中有去稃者也。此义当读如裸）。"正文是许慎"解"，括弧内是段氏"注"。许之"无皮谷"，即段之"去稃"（脱衣）。

稞，一曰无皮谷，"此义当读如裸"，段氏大义凛然，裸——裸大麦！

稞，谷之善者（颗粒俱佳），"古音读如颗（kē）"，段氏训诂严谨，颗——"颗大麦"。李光庭也真是的，还"雅麦"？读古音"颗麦"，文雅得很嘛！

其实老上海人也蛮文雅，从前（1980年代）到新光、永乐宫、武警会堂、上译厂看内部电影，大多数人是冲着一二只"颗体"镜头去的。沪音"颗"读 kū，与"稞"完全一致。

"贻我来牟"，不裸不露。

[注1] 中华书局《乡言解颐》石继昌点校说明："周作人在《书房一角》里考证此书的作者时说：'据本文知其姓李，宝坻人，号朴园而已。前日在南新华街得《虚受斋诗钞》十二卷，附《朴园感旧时》一卷，宝坻李光庭著，乃知即是此人。'"新林案：石继昌先生点校本《乡言解颐·食物十事·碾转》"来牟之外，乡人有所谓雅麦者"作"来牟之外乡人，有所谓雅麦者"，当误。

[注2] 五代南唐·徐锴《说文解字系传》："饵［饵］，粉饼也。臣锴以为……夫粉米蒸屑皆饵也。"新林案：《说文解字》未收录"食"字头。

[注3] "贻我来牟"，出自《诗经·周颂·思文》。汉·毛亨传、汉·郑玄笺、唐·孔颖达疏《毛诗正义》，孔颖达疏："《广雅》云：䅟，小麦。䴥，大麦也。"

[注4] "南唐二主"，指李璟、李煜。宋·陆游撰《南唐书·徐锴传》："徐锴，字楚金，会稽人。"幼年知书："锴四岁而孤，母方教铉（锴兄）就学，未暇及锴。锴自能知书。"及长为官："元宗（李璟）嗣位，起家秘书郎，齐王景达奏授记室。"官位渐高："后主（李煜）立，迁屯田郎中、知制诰、集贤殿学士；改官名，拜右内史舍人……，与兄铉俱在近侍，号二徐。"精于小学："少精小学，故所誊书尤审谛。"胸怀天下："江南藏书之盛，为天下冠，锴力居多。"英年早逝："开宝七年七月卒。年五十五，赠礼部侍郎，谥曰文。"著作甚丰："著《说文

通释》……及他文章，凡数百卷。"新林案：譬，即雔，校之意。《说文通释》，即《说文解字系传》，世称"小徐本"。而其兄徐锴于宋太宗雍熙年间奉旨校定的《说文解字》，世称"大徐本"，即后世通行的《说文解字》。

附言：九寨沟让我难以忘怀、如梦如幻……

米从何出

米从何出？当然是从稻子里出喽！南宋赵彦卫一言概之："在田曰禾，已收为稻，离干为谷，去壳为米。"（《云麓漫钞》）

仅用十六个字，逐层剥茧，禾、稻、谷、米，简洁明了。赵彦卫这篇关于"五谷之名"的详考，超过一千字，前面一大堆论述，仅里面的字，我就大多不认识，秾、穄、秬、秠、穈、芑、蘖、虋。

《云麓漫钞》还有关键一句："禾、稻、谷、米亦皆总名。"

谷有"五谷""六谷""九谷"之分（参见本书《有稷有黍》）。

稻有早稻、晚稻，水稻、旱稻；有贡稻："内府供应库，香稻五十扛（船六）"（明谈迁《枣林杂俎》"南京贡船"条），"嘉靖间，进贡船只……六则内府供用库，曰香稻、苗姜"（明顾起元《客座赘语》）；亦有仙稻："有翻形稻，言食者死而更生，夭而有寿；有明清稻，食者延年也；清肠稻，食一粒历年不饥。"（前秦王嘉《拾遗记》）

可惜了王嘉，留书不留人！

米有籼有粳有糯，籼又称秈，粳又称秔，糯又称稬，故曰籼米、粳米、糯米。《本草纲目》：“籼【释名】占稻、早稻。〔时珍曰〕籼亦粳属之先熟而鲜明之者，故谓之籼。种自占城国，故谓之占。俗作粘者，非矣。”

籼米是舶来品，北宋高承《事物纪原》：“占稻，江淮之间有稻，粒稍细，耐水旱，而成实早，作饭差硬，土人谓之占城米。真宗尝植于苑中，始自占城国传其种，遂植南方也。”[注1]“作饭差硬”，差有“更”之意。“占城国”，在今越南。

糯软粳硬，籼米更硬。沪人计划经济时代凭票供应的“洋籼米”，是民国已降最劣等的籼米，硬得难以下咽。当年父亲在青浦工作，每周回家一次。每次回来，总是双肩各扛一个麻袋，其中少不了几斤大米（粳米）。因着父亲的慈爱，我从没吃过“纯”洋籼米（姆妈总是把粳米籼米，相掺得恰到好处）。

自古江南，鱼米之乡：“江南人食钱江以上米及外江籼米，多痰涎结滞，仍取南米食之，即愈。然彼处人自食之则不觉，盖人与地与谷各有配也。”（明朱国祯《涌幢小品》）“人与地与谷各有配”，江南人吃不惯太硬的籼米。

胃是一个人的故乡！

李时珍曰“籼”米“俗作粘者，非矣”，非不非，俗为先：“谷，皆有黏有穤有粳。”（清屈大均《广东新语》）2018年1月，我刚开始校看《广东新语》，实在搞不懂“黏”是何米。等归类后才明白，屈氏之“黏”即李氏之“籼”。屈大均为明朝遗民，文采斐然，见广识多：“黏米似粳而尖小长身，其种因闽人（新林案：参见注1）得于占城，故名占，亦曰籼，籼音仙。先熟而鲜明，故谓之籼。"

屈氏再添一笔："占城在崖之南，其谷益早而美，以天暖更多也。故吾粤最重占米。"又笔锋一转："岭南以黏为饭，以糯为酒，糯贵而黏贱，其价倍之。"岭南人以籼米为饭，糯米酿酒，故后者"价倍之"（翻番）。

前几年同学相约某花园吃饭，共六人。一生带瓶白酒，菜未上齐，酒已空也，另生打个响指再要一瓶"上市酒"。予因先走，未知买单几何。过后去要好同学家玩，知是他买，亦晓"糯贵而黏贱"，一瓶酒三千，一席饭二千。

糯米堪为酒，李时珍对稻的解释，几乎针对糯米："稻【集解】〔时珍曰〕糯稻，南方水田多种之。其性粘，可以酿酒，可以为粢，可以蒸糕，可以熬饧，可以炒食。秫乃糯粟。"（《本草纲目》）糯米性黏，酿出的米酒，醇厚浓酽。

粢："糕〔时珍曰〕单糯粉作者曰粢。《释名》云：粢，慈软也。粢糕最难克化，损脾成积，小儿尤宜禁之。"江南人家，糯米为糕，软糯酥腻。时至今日，苏州糯米糕团，依然雄冠江南。犹如苏州嗲女人，皓齿一开，糯声软气，酥人心骨。

饧是中国最早的糖，别论。秫乃糯粟："粟之粘者为秫，粳之粘者为糯。"（《本草纲目》）

中国古代隐逸士大夫，敬尊陶渊明为典范，"不为五斗米折腰"！南宋洪迈称其"高简闲靖，为晋、宋第一辈人"。第一辈人做第一辈事："渊明在彭泽，悉令公田种秫，曰：'吾常得醉于酒足矣。'妻子固请种秔，乃使二顷五十亩种秫，五十亩种秔。"（《容斋随笔》）公田即陶氏职田，惜他"在官八十余日，即自免去职。所谓秫秔，盖未尝得颗粒到口也，悲夫"！颗粒未见，口酒未尝，便解甲归田。

秫是糯粟，适宜酿酒，北方亦有称秫为糯米、江米，清人刘献廷《广阳杂记》："稻有水旱二种。又有秫田，其性黏软，故谓之糯米，食之令人筋缓多睡，其性懦也。作酒之外，产妇宜食之。又谓之江米。"穤，俗穄字。

中国古代，时有酒禁，"盖健啖者一饭不过于二升，饮酒则有至于无算"（宋庄绰《鸡肋编》），孔子不也"唯酒无量"！二升饭一时半会没法消化，"无量"酒则随进随出，从哪里出？古人比较文雅，谓之"水道"。诸多《本草》皆有"利水道"之"草"，译成白话：有利于下水道通畅。

明初朱元璋甚至禁种糯米，开国大将胡大海因此手刃其子，明朱国祯《涌幢小品》："古人多设酒禁，即太祖初年有之，并禁种糯，以绝其源。胡大海方用兵处州，其子犯禁，众皆请赦，曰：'宁大海反，吾号令不可违。'遂手刃之，其严如此。盖深虑军食，不得不禁，禁又不得不严。"美国 1920 年代也有"禁酒法案"，有什么用？十多年后即废。

酒是个好东西，"古来圣贤皆寂寞，惟有饮者留其名"。曹操"对酒当歌"，王羲之"一觞一饮"，李白"花间一壶酒"，欧阳修"一饮千钟"，苏轼"一樽还酹江月"，李清照"沉醉不知归路"，辛弃疾"醉里和人诗"……

没酒，何以发骚！

但酒又不能当饭吃，故陶妻不愿"种秫"而意"种秔"，秔即粳。有清一代，粳米已称为"大米"。大米饭多好吃！清朝两位大臣曾记"御园"所产大米，殊味隽美。

刘廷玑《在园杂志》："岁甲午，圣寿六旬有一，是为本命元辰，普天瑞应，不胜详敷。……浙闽总督范公（时崇）随驾热河，每赐御用食馔，内有朱红色大米饭一种。传旨云：'此本无种，其先特产上苑，只一两根，苗、穗迥异他禾。乃登剖之，粒如丹砂，遂收其种，种于御园。今兹广获，其米一岁两熟，只供御膳。'"圣寿指康熙，"普天瑞应，不胜详敷"，马屁拍足。

所谓嘉禾，在水一方。"迥异他禾"，非圣不出。米从何出？

"御园"即中南海"丰泽园"，赵慎畛《榆巢杂识》："丰泽园有水田数区，每岁布玉田谷种，至九月方刈获登场。圣祖一日幸园中，时方六月下旬，谷穗方颖，忽见一科高出众穗之上，实已坚好。因命收藏其种，待来年验其成熟早否。明岁六月时，此种果先熟，从此生生不已，岁取千百。每年内膳所进，皆此米也。其米色微红而粒长，气香而味腴，以其生自苑田，故名'御稻米'。仰见天眷圣人，故诞降嘉种以充王食。"

两人所记，大同小异，"朱红色大米饭"类"米色微红而粒长"。赵慎畛在饮食上造诣更高："气香而味腴。"说得像真吃过！"天眷圣人，故诞降嘉种"，马屁亦拍足。

两位大臣的马屁水平，似乎还是欠缺："康熙三十九年十月，皇太后六旬圣寿，上恭进佛像、御制《万寿无疆赋》围屏等物，外令膳房数米一万粒，作'万国玉粒饭'进献。以天下养，孝之至也。"（《榆巢杂识》）

皇太后指孝惠章皇后（1641—1718），为清世祖顺治帝第二任皇后。康熙皇帝拍的是超级马屁！"令膳房数米一万粒"，没有巨大的想象力，何来如此灵感啊！亏伊想得出。

米从何出？米从御膳房出。

天下人皆知米的珍贵，但也有不知稼穑者，南宋曾敏行《独醒杂志》："蔡京诸孙生长膏粱，不知稼穑。一日，京戏问之曰：汝曹日啖饭，试为我言米从何处出？"汝曹，你们。蔡京的孙子多且有趣，思维异于常人，"其一人遽对曰：从臼子里出"，蔡京大笑！"其一从旁应曰：不是，我见在席子里出"。

"盖京师运米以席囊盛之。"

[注 1]《宋会要》："大中祥符五年五月，遣使福建取占城稻三万斛，分给江、淮、两浙三路转运使，并出种法，令择民田之高仰者，分给种之。"（上海古籍出版社《续修四库全书》之清·徐松辑《宋会要·食货六三·营田杂录》卷783，第 557 页）

有稷有黍

子曰"四十而不惑"，我到四十而始惑。2008年因身体原因，休了一年长病假。开头几天，悠哉游哉，不亦乐乎。一星期后，待不住家，老想往外跑。于是就有了网络上"著名"的"寻访上海的30碗面"。

我甚至特意跑到嘉定吃面，单程两个半小时（那时地铁未通）。吃面是副业，主业混时间。我大学时，文艺青年一枚，读过马克斯·韦伯《新教伦理与资本主义精神》（完全没看懂）。咏颂几多新诗，叹出些许馊文（片纸不存）。暗恋一个女生，写过三本日记（都烧了，只记得"啊"字约上千）。

一梦两相远，竟从此，人生别离无处见！

1988年搞起了摇滚乐队。从这年到"不惑"，仅看过一本书：梁实秋先生的《雅舍谈吃》。"谈吃"要在吃过后才谈。吃面副业，混时无多，无奈"兼职"——写写文章。

1988到2008年，整二十年，一事无成〔除生了个让我骄傲的女儿。依依2009年十六岁孤身一人前往美国，2016年UCSD（加州大学圣地亚哥分校）心理学本科毕业，2019年哥大研究生全A毕业。从时间轨迹推算，女儿全靠她母亲（前妻）的教育和自己的努力，及她老爹（继父）及内子（继母）

的关怀，加上本人一点点的特殊基因]。

为了混时间，在电脑上装模作样开始敲。没想到，一敲就顺，越敲越溜，半个时辰，文章即成。懊悔啊！写得太顺了，天还亮着呢！一拍脑袋，发文网上。又是一个没想到，文章上网，反应强烈，收到好几个 Email。回复一半，该烧晚饭了。

咦！时间蛮好混的嘛。

一激动，胸又开始闷起来，一闷好几天。块全压胸，难受异常。面是吃不动了，只好看看美剧，追到第三集，已猜出结果——主人公会没完没了地"死不了"，没劲！时逢《百家讲坛》风行，碰巧电视里播放钱文忠解读《三字经》。

躺着也是躺着（透不过气），随便看看吧。这一看，不得了！古代小孩子必诵的《三字经》，使我这个"不惑"骤然而"惑"——迷也，通篇背诵起来。"不惑"之年，脑子不好使，整整一个月才背出。

"稻粱菽，麦黍稷。此六谷，人所食。"菽读 shū，豆子；黍读 shǔ。

上海人的口腔体系似乎不适合发 shǔ 音。一开始老读错，后来找到了诀窍（早年毕竟是摇滚乐队的主音歌手）。发此一音，需嘴唇嘟圆，舌头凌空（不能碰到上下两颚），喉结下沉。好在我把过女儿尿尿："嘘"声待发，舌尖突缩、喉咙立沉，"黍"音蓬勃，浑然蹦出。但发着发着，又"嘘""嘘"了。我这人一根筋，法语的小舌音都难不倒我，难不成就此罢休？

对着镜子练"黍"shǔ，吃相难看到欲吐！

钱文忠老师（他84届我85届，老也；他正经讲坛上，我颓然软床上，师也）考虑到上海人民的形象，巧妙地莲花一吐：shū，并说："黍和稷只不过是同一个品种。是什么品种呢？就是我们讲的黄米。现在大概没什么人吃了。咱们现在都吃白米。但是也许老人还知道，有一种黄米。这黄米里面分两种，比较黏性的叫黍，比较筋性的叫稷。那么这两种算一种。"

"比较黏性的叫黍，比较筋性的叫稷"，钱老师比喻甚恰当："〔时珍曰〕稷与黍，一类二种也。粘者为黍，不粘者为稷。"（《本草纲目》"稷"条）"筋性"，意筋道之意。"那么这两种算一种"，李时珍老师不怎么同意，"一类二种也"。

南宋王应麟编写的《三字经》，既然为"经"，则字字千钧。两种算一种？黍和稷，无论在五谷、六谷、九谷中，均是独立的二种，且是种中之重！

"稻粱菽，麦黍稷。此六谷，人所食。"《三字经》中的"六谷"，是"骗骗"小孩子的，非一般意义上古人所说的六谷。菽是豆子，大豆小豆都是豆；麦是麦子，大麦小麦都是麦。小孩子哪里搞得清楚？

要不是看了三百多本笔记，且对经史略有小研，我也分不清。先说六谷，《周礼·天官·膳夫》："凡王之馈，食用六谷。"汉郑玄注、唐贾公彦疏《周礼注疏》，郑玄注："郑司农云'六谷，稌、黍、稷、粱、麦、苽'。"郑司农指东汉初年经学家郑众，后世习称先郑（以别汉末大儒郑玄）。

郑玄不特别注明，则对先郑之注无异议，即六谷乃"稌、黍、稷、粱、麦、苽"。稌（tú），《说文》"稻也"；粱即粟（参见拙著《古人的餐桌》之《粱粟之谷》）；苽，同"菰"，即菰米、雕胡米（参见拙著《古人的餐桌》之《菰菜莼羹》）。

黍、稷同列六谷。

《周礼·天官·大宰》："以九职任万民：一曰三农，生九谷。"郑玄注："郑司农云'九谷，黍、稷、秫、稻、麻、大小豆、大小麦'。玄谓九谷无秫、大麦，而有粱、苽。"郑玄认为九谷无"秫、大麦"，则九谷即"黍、稷、稻、粱、苽、麻、大小豆、小麦"。麻即大麻 [注1]，上古之谷。

黍、稷再一次同列九谷。

南宋陈世崇《随隐漫录》："孟子云'树艺五谷'。……独五谷，郑注云'黍、稷、菽、麦、麻'；赵岐云'黍、稷、菽、麦、稻'。"郑即郑玄（127—200），《后汉书》有其传；赵岐（109—201），《后汉书·赵岐传》："年九十余，建安六年卒。"郑玄与赵岐几乎前后脚，追随孔子，远逝而去。

《周礼·天官·疾医》："以五味、五谷、五药养其病。"郑玄注："五谷，麻、黍、稷、麦、豆也。"《孟子·滕文公上》："树艺五谷。"赵歧注："五谷谓稻、黍、稷、麦、菽也。"

黍、稷最后同列五谷丰登的领奖台上。这个高台，不是谁都可以上去的！

黍之高，在制律："黄帝用黍制律，积六十四黍为圭准之。"（南宋陈世崇《随隐漫录》）这条记录，予归类时间为 2016 年 10 月 19 日。凭着直觉，标记为大号粗字。当其时也，"黍"也不知，"律"也不晓，"圭"乎谁家？好在十一年前通背过《论语》，知道"谨权量，审法度"。"权"，斤两也；"量"，斗斛也；"法度"，丈尺也。

又，九年前浏览过二十四史（览一遍三年）。《史记·本记第一·五帝本纪》："黄帝者……于是帝尧老，命舜摄行天子之政，以观天命。……（舜）遂见东方君长，合时月正日，同律度量衡。"（五帝：皇帝、颛顼、帝喾、尧、舜。）"同律度量衡"即统一音律和度量衡［注 2］。

"律度量衡"，郑玄曰："律，音律；度，丈尺；量，斗斛；衡，斤两也。"

陈世崇谓"六十四黍为圭"，何意？查"圭"，不小心查出一"撮"，汉许慎撰、清段玉裁注《说文解字注》："撮，四圭也。（汉《律历志》曰：'量多少者不失圭撮。'孟康曰：'六十四黍为圭。'按《广韵·圭下》云：'孟子曰六十四黍为一圭，十圭为一合。'孟子即孟康。）"括弧内是段氏注。

找到"六十四黍为圭"的出处，并知"量多少者不失圭撮"出自《汉书·律历志》。再查《汉书·律历志》，寻出最关键二句"以子谷秬黍中者千有二百实其龠""合龠为合"。秬黍，即黑黍；中者，即大小适中者。简而言之，1200 粒黍 = 1 龠

（yuè）；"合龠为合"，2龠 = 1合，2400粒黍 = 1合（gě）。

前文提到"我85届"——1985年毕业于大同中学数学班〔全国第一批项武义（加州大学伯克利分校教授）《中学数学实验教材》实验班〕。当年高考，我班数学成绩全市第一，但仅一人、予兄陈亦骅考入复旦数学系。我平时数学成绩不错，考试的时候一紧张，最后三题（总分120分，占30分）没做。考了88分（数字蛮吉利），一头栽进沟里，倒数第一。拉低全班平均分近1分，结果还是比第二名复旦附中（钱老师母校，无意贬低，实当年我班巩长安、邱万作两师乃上海市中学数学教师中的泰斗）数学班，高零点几分。

病因早在初三已埋下（十五岁）。2004年6月（三十七岁）冠心病发作，2019年8月（五十二岁）忧郁焦虑症发作。还好，两次都把命捡了回来。感谢上苍！

命捡回来了，脑子也没坏掉。段玉裁引《广韵》，《广韵》引孟康"六十四黍为一圭，十圭为一合"。64粒黍 = 1圭，1合 = 10圭 = 640粒黍。孟康的1合（640粒黍）≠班固的1合（2400粒黍），为之奈何？无奈。晚上早早吃好药，养足精神，以备第二天彻查。

彻查要寻源，班固《汉书·律历志》："度长短者不失毫厘，量多少者不失圭撮，权轻重者不失黍絫。……度者，分、寸、尺、丈、引也，所以度长短也。本起黄钟之长。以子谷秬黍中者，一黍之广，度之九十分，黄钟之长。一为一分，十分为寸，十寸为尺，十尺为丈，十丈为引，而五度审矣。……量者，龠、合、升、斗、斛也，所以量多少也。本起于黄钟之龠，用度数审其容，以子谷秬黍中者千有二百实其龠，以井水准其概。合龠为合，十合为升，十升为斗，十斗为斛，而五量嘉矣。……衡权者，衡，平也，权，重也，衡所以任权而均物平轻重也。……权者，铢、两、斤、钧、石也，所以称物平施，知轻重也。本起于黄钟之重。一龠容千二百黍，重十二铢，两之为两。二十四铢为两。十六两为斤。三十斤为钧。四钧为石。"

"圭撮"，唐颜师古引应劭注曰："四圭曰撮。"又引孟康注曰："六十四黍为圭。""黍絫（lěi）"，颜师古引应劭注曰："十黍为絫，十絫为铢。""黄钟之长"为 90 分 = 9×10 分 = 9×1 寸 = 9 寸，与本书《非草非木》班固曰"五声之本，生于黄钟之律。九寸为宫"相符。"秬黍中者"，黑黍谷子大小适中者。

《汉书·律历志》对律、度量衡的详细论述，简言之即郑玄曰"律，音律；度，丈尺；量，斗斛；衡，斤两也"。

黍，律度量衡均以之计。黍之地位，何其高哉！

故宫博物院熊长云撰《东汉铭文药量与汉代药物量制》[注3]，据出土计量文物推算出："1 合 = 2 龠，1 龠 = 5 撮，1 撮 = 4 圭。"以后两式计算，则 1 龠 = 1200 粒黍——1 撮 = 1/5 龠 = 1200 粒黍/5 = 240 粒黍——1 圭 = 1/4 撮 = 240 粒黍/4 = 60 粒黍。60 粒黍≈64 粒黍，即 1 圭 = 60 粒黍，与国家计量局所测数值相符（"一圭容水 0.5 毫升，容秬黍 60 或 64 粒"）。

并可得知：1 撮＝240 粒黍。

如此，孟康"六十四黍为一圭，十圭为一合"，前句可假设为"六十黍为一圭"，即 1 圭＝60 粒黍，则 1 合＝2 龠＝2400 粒黍＝10×240 粒黍＝10×1 撮＝10 撮。

1 合＝10 撮。那么，孟康的"十圭为一合"则误，应为"十撮为一合"！

一小"撮"终于被我揪出来，痛快哉！晚上当浮一大白。

"权轻重者不失黍絫"，应劭曰"十黍为絫，十絫为铢"，1 絫＝10 粒黍──►1 铢＝10 絫＝100 粒黍；班固曰"一龠容千二百黍，重十二铢"，1 龠＝1200 粒黍＝12 铢──►1 铢＝1200 粒黍/12＝100 粒黍。

应劭的 1 铢＝班固的 1 铢，两者完全相等！自从我 1985 年数学考了 88 分，见到两位老师，时常绕道而遁。如今好了，可以长叹畅嘘予胸中块垒之气也！

最近"新冠"肆虐，在家自我隔离。2008 年的长病假，改变了我的人生。从没想到《三字经》中一"黍"，竟涉及《礼记》《周礼》《论语》《孟子》《史记》《汉书》《后汉书》《说文解字》《广韵》，还牵扯出一大堆古代儒者的名字。

写到此处，休息一下，上网一查：新浪新闻"新型冠状病毒肺炎疫情（实时动态追踪）"全国截至 2 月 3 日 16 时 35 分（北京时间）数据统计：确诊 17335 例，死亡 361 例。

我无能为力，但求上苍保佑，中华江山社稷！

"彼黍离离，彼稷之苗。行迈靡靡，中心摇摇。知我者谓我心忧，不知我者谓我何求！"

[注1]《本草纲目》"大麻【释名】汉麻；雄者名枲（xǐ）麻、牡麻；雌者名苴（jū）麻。〔时珍曰〕云汉麻者，以别胡麻也。"段玉裁《说文解字注》："枲（xǐ），麻也。〔《玉篇》云：有子曰苴（jū），无子曰枲。《丧服传》曰：苴，麻之有蕡（fén）者也。牡麻者，枲麻也。〕"新林案：麻即大麻，"枲"是不结子的雄株；"苴"是结子的雌株，所结种子，即"蕡"——大麻的子实，五谷、九谷之一。

[注2]《史记·本纪第一·五帝本纪》："黄帝者……于是帝尧老，命舜摄行天子之政，以观天命。……（舜）遂见东方君长，合时月正日，同律度量衡。"【集解】郑玄曰："律，音律；度，丈尺；量，斗斛；衡，斤两也。"【正义】"律之十二律，度之丈尺，量之斗斛，衡之斤两，皆使天下相同，无制度长短轻重异也。汉《律历志》云：……"（点校本"史记三家注"，详见本书《蹲鸱芋也》注1）新林案："汉《律历志》"，即《汉书·卷二十一·律历志》。

[注3] 熊长云《东汉铭文药量与汉代药物量制》："新公布的一套东汉铭文药量，四器自铭为'合''龠''撮''刀刲'，首次证实了东汉的药用容量单位体系。其中，合、龠、撮、刀圭的实测量值分别为 20 ml、10 ml、2 ml、0.5 ml，推算进制为 1 合 = 2 龠，1 龠 = 5 撮，1 撮 = 4 刀圭 = 4 圭。上述进制，与《汉

书·律历志上》及汉代量器实物反映的单位进制相合。现藏台北故宫博物院的新莽嘉量，铭为："律嘉量合……积千六百廿分，容二龠。"1970年出土的新莽始建国元年铜龠，铭为："律量龠……积八百一十分。"又，1956年出土的新莽始建国元年铜撮，铭为："律撮……积百六十二分，容四圭。"以上三器铭文，均记载各自容量，据此可知：1合 = 1620分，1龠 = 810分，1撮 = 162分，1撮 = 4圭。由此，很容易推出以下等式：1合 = 2龠，1龠 = 5撮，1撮 = 4圭。这一进制，与新见东汉药量进制相同，说明汉代药量进制亦采用了官量进制。"

第二辑 禽兽六畜

火腿

金华人多以木甑捞米作饭，其饭汤浓厚，专以饲猪，兼饲豆渣糠屑，或煮粥以食之。夏则兼饲瓜皮菜叶，故肉细而体香。

——[清]梁章钜《浪迹三谈》

色如琥珀

烤乳猪我吃过，广东朋友请客（他们那边称"烧乳猪"）。一席盛宴，乳猪最后上。放中间转盘，先慢慢转一圈，以示乳猪之完整，没少鼻子少耳朵。当转到我跟前，我的眼睛真不敢直视它的鼻孔，颇有惺惺相惜之感。想到某一天，自己也会被推进烧炉……

我册那［注1］，吃！脆皮酥腴，入口绵软，一咬即滋，油香满溢。

早在清朝，梁绍壬《两般秋雨盦随笔》已记载"粤俗最重烧猪"。饮食风俗，代代相传。烧猪一馔，远溯三代（夏商周）！烤乳猪的祖先是炮乳猪。三千年前，古人已发明了炮乳猪。《周礼·天官·膳夫》"珍用八物"，汉代郑玄考证后认为"周八珍"为淳熬、淳母、炮豚、炮牂、捣珍、渍、熬、肝菅［注2］。

炮豚，豚即小猪。古人造字，既有意思，又搞脑子。一只猪，因公母大小，可为豕、为豝、为豝、为豨、为豨、为豵、为豵，有些字还打不出来。

《礼记·内则》详细记载了炮乳猪的烹饪方法，总共九十字。二千年前（新林案：学界普遍认为《礼记》成书于汉）的古文九十字，解释起来大费笔墨，主要是有些个我不认识。类述其法：把一只烤熟的叫花鸡去掉泥巴，涂抹上粥样稻米粉放入油里煎，煎好后切成块配上香料再炖。

要炖多久？"三日三夜毋绝火"，这七个字我认识。火可不能大了，火太大，您得给它准备个小盒子。

"炮"与"烤"毕竟有区别，而"烤"与"炙"类同。烤肉有一股特殊的烟熏火燎之香。三千年前，古人已闻其香。《诗经·小雅·瓠叶》："有兔斯首，燔之炙之。"毛亨注"燔"为"加火曰燔"，即将兔肉直接放在火上烧；毛亨注"炙"为"炕火曰炙"，孔颖达疏曰"炕，举也。谓以物贯之而举于火上以炙之"，即将兔肉贯串而举置于火上烧。

炙烤其味，使我思绪飘回年少的时光。三十年前，浙江中路广东路的打弯角子（沪语：街角），有一佳处。炭火通红，大胡子小白帽爷叔的脸色也通红，他要么蹲着，要么站起来在长条形凹槽烤架上猛扇扇子。炭火亮闪蹿高，羊油滋滋冒出。引得我的馋水，流淌不止。那个香味，飘啊荡啊，在我心里三十年。

炙羊好吃，古人怎会不知？《礼记·内则》"羊炙、羊胾、醢、豕炙"，胾是大块肉，醢是肉酱，羊炙即烤羊肉。是否烤全羊，《礼记》没说，无人得知。后世所知，乃烤乳猪。

北魏贾思勰《齐民要术》："炙豚法，用乳下豚，极肥者，猵牸俱得。豢治一如煮法。揩洗、刮削，令极净。小开腹，去五藏，又净洗。以茅茹腹令满。柞木穿，缓火遥炙，急转勿住（转常使周匝，不匝则偏焦也）。清酒数涂，以发色（色足便止）。取新猪膏极白净者，涂拭勿住。若无新猪膏，净麻油亦得。色同琥珀，又类真金。入口则消，状若凌雪，含浆膏润，特异凡常也。"

"乳下豚"即吃奶的猪，"豞"是公猪，"牸"是母猪。"用乳下豚，极肥者，豞牸俱得"，用极肥的雌雄乳猪。"搛（xián）"又作拪，拔毛。"搛治一如煮法"，拔毛一如煮豚法（新林案：《齐民要术》有"白瀹豚法"，贾思勰自注"瀹，煮也"），其法大致是烫而后拔。毛烫则软，易拪好刮。

这让我想起从前。早年的旧式理发店，先剃头后修面。头剃好洗干，老师傅把理发椅放倒，让我躺下。转眼一块热毛巾焐在嘴上（鬚烫则软）。他手上的剃刀在荡布上刮来刮去，有点准备杀猪猡的感觉。

毛巾"揩洗"，剃刀在脸上"刮削"，鬚去脸光"令极净"。好在剃头师傅没在我肚上"小开腹，去五藏，又净洗"，也没"以茅茹腹令满"（在肚里塞满香茅），更没"柞木穿"我身，并"缓火遥炙，急转勿住"（慢火隔远些烤且要不停急转）。

括弧内是贾思勰的自注，就如我的"册那"需要自注，一个道理。"（转常使周匝，不匝则偏焦也）"，急转时需周旋其身而不至于焦。周匝，环绕一周。"清酒数涂，以发色（色足便止）"，数次涂抹清酒便会烤而生色（色到位不再涂）。

"取新猪膏极白净者，涂拭勿住"，类似我修面前，被白色剃鬚膏在脸上来回涂抹。"若无新猪膏，净麻油亦得"，若没有剃鬚膏，在脸上涂点麻油也可以。至少油亮！

这样烤出来的人肉，噢不，是乳猪"色同琥珀，又类真金"，味道"入口则消，状若凌雪，含浆膏润，特异凡常也"！贾思勰的斐然文采，超乎我的想象，使予身临乳猪从烫毛、刮毛、涂油至遥烤之妙境。

烤乳猪的秘方一经贾思勰公开，引后世饕餮竞折腰。明朝徐弘祖遍历中国，在丽江木氏土司家品尝到烤乳猪："柔猪乃五六斤小猪，以米饭喂成者，其骨俱柔脆，全体炙之，乃切片食。"（《徐霞客游记·滇游日记七》）

"其骨俱柔脆"，土司家的烤乳猪好吃到：不用吐骨头。"全体炙之"，全其身体而炙之。徐霞客的"炙"字也用得好，继承了贾思勰的古训。

明末清初，烤乳猪又称"烧乳猪"，大食家袁枚描写细腻："烧小猪，小猪一个，六七斤重者，钳毛去秽，叉上炭火炙之。要四面齐到，以深黄色为度。皮上慢慢以奶酥油涂之，屡涂屡炙。食时酥为上，脆次之，硬斯下矣。"

大食家就是不一样，一酥一脆一硬，一上一次一下，用词之精准，史无前例。外国人就差很远，清人陈其元《庸闲斋笔记》记载了《尼布楚条约》签订（1689年）后，俄使进京觐见之闻："特撤御筵上烧鹅、烧猪、烧羊赐我，内羊肉异常香美。"康熙帝把自己御筵上的烧鹅、烧猪、烧羊赐与俄使。

"内羊肉"没人能懂，不过那是陈其元"于《中西见闻录》内，得俄文馆翻译该国使臣义兹柏阿朗特义迭思所著《聘盟日记》一册"，原来是翻译过来的。我估计，"内"是"这"或"那"，反正就是烤羊肉。

烤乳猪终于在乾隆朝登上历史的最高舞台——"满汉全席"。可惜满文也不太好懂："第四分毛血盘二十件：獾炙哈尔巴小猪子、油炸猪羊肉、挂炉走油鸡鹅鸭、鸽臛、猪杂什、羊杂什、燎毛猪羊肉、白煮猪羊肉、白蒸小猪子小羊子鸡鸭鹅、白面饽饽卷子、十锦火烧、梅花包子。"（《扬州画舫录》）

"獾炙"，出自《吕氏春秋·本味》"貛貛之炙"［注3］。"獾"字，窃以为是拟菜单的人为显示自己有文化，而出现的衍文（多出来的字）。

拟菜单的人既要显示自己有文化，又要照顾满大人的情绪（"满汉席"是汉人盐商宴请乾隆的盛席，但菜单须经内务府满族官员认可），特意写上满文"哈尔巴"。

上网一查，百度知道："哈尔巴肘子，'哈尔巴'系满语，汉译之肩胛骨（又称琵琶骨）。'哈尔巴肘子'一菜为天津风味'满汉全席''四白菜'之一，是满族特有的风味名菜，咸香甜辣，肥而不腻，甘腴可口。"

"满汉全席"是天津风味？肘子是肩胛骨？"胛"起来"又

称琵琶骨"？哈尔巴肘子"咸香甜辣"？"肥而不腻"？"甘腴可口"？

予以为还缺四个字，入口即化！

清《调鼎集》"全猪"条："哈儿巴，白煮猪臂。又，干烧哈儿巴。"此条病句无疑，显然"白煮"是衍文，"哈儿巴"即猪臂。《调鼎集》"满席"条有"烧哈尔巴（重六斤）"，括弧内是撰者自注。

哈儿巴，即哈尔巴（参见本书《菜谱疑案》）。我小时候看手抄本，见到"颗体"两字一脸懵，懵然惊醒一脸红（参见本书《贻我来牟》）。手抄本出点错别字很正常，就是苦了我，校看《调鼎集》整二个月，归类又整一个月。好在，三个月时间换一个"哈尔巴"，值！

猪臂无膀是前肘（肘即蹄髈，至多三斤）；猪臂有膀乃鸿门宴上樊哙生啖的彘肩［《说文》"彘（zhì），豕也"］［注 4］。有臂有膀，重达六斤，樊哙生啖，赢得项羽的赏识，更赢得刘邦逃跑的机会。

故"獲炙哈尔巴小猪子"为"炙哈尔巴"及"炙小猪子"。

"第四分毛血盘二十件"的"毛血"两字又作何解？这要看前"三分"（分作"份"）才能理解。前"三分"乃山珍海味：燕窝、海参、鱼翅、鲍鱼、驼峰、猩唇、熊掌、鹿尾、鲥鱼、西施乳、果子狸等。

可驼猩熊鹿狸也有毛血啊！我不禁很好奇，摸着自己光光的下巴，仔细再看"第四分毛血盘二十件"的名单：净是些猪啊羊啊鹅啊鸭啊鸡啊。

总算是明白了，乳猪烤得再金黄，也还是"群众演员"。

[注1]"册那"，沪语中的发泄词，多数用来表达情绪、强化语气。

[注2]汉·郑玄注、唐·贾公彦疏《周礼注疏》"珍用八物"，郑玄注："珍谓淳熬、淳母、炮豚、炮牂、捣珍、渍、熬、肝膋也。"郑注"八珍"俱列《礼记·内则》，汉·郑玄注、唐·孔颖达疏《礼记正义》"炮，取豚若将"，郑玄注："炮者，以涂烧之为名也。'将'当为'牂'，牂，牝（母）羊也。"

[注3]"貜"，《扬州画舫录》嘉庆二年（1797）自然盦初刻本、中华书局1960年断句本（据前刻本断句排印），作"貜"。新林案：字书无"貜"字，清·毕沅撰《吕氏春秋新校正》"貛貜之炙"注："旧校云：'貜作貜。'"并参见本书《旄象之约》注1。

[注4]《史记·项羽本纪》："哙即带剑拥盾入军门。……项王曰：'壮士，赐之卮酒。'则与斗卮酒。哙拜谢，起，立而饮之。项王曰：'赐之彘肩。'则与一生彘肩。樊哙覆其盾于地，加彘肩上，拔剑切而啖之。"

兰薰盈室

上世纪七八十年代，毛脚女婿上门[注1]有规矩，要送重礼。名称吓人，叫"一挺机关枪、两颗手榴弹、一只炸药包、一串子弹"，分别指一只火腿、两瓶老酒、一盒奶油蛋糕、一条好烟。

可见火腿之分量！

另有一种风俗：去看望开刀病人往往会拎一块火腿。据说火腿有利于伤口的愈合，一块火腿既表示探望者的爱心，又显示不小气，毕竟一块火腿蛮吃铜佃[注2]。拎整只火腿去医院的也有，但不是去看病人，而是去看医生。

看医生为啥介大方[注3]？因为医生救了侬一条命！

我的兄弟李翔是个外科医生，最近救了一个金华人，回老家后千方百计寻到一只三年老陈腿。正宗金华火腿，以三年陈为最佳，口味和营养达到鼎盛。我这个兄弟与我的友情，也非常之"陈"。从十二岁同学至今，整整四十年，没有一年断过来往。

他做了近三十年外科医生，医术精湛，为人忠厚，救人性命无数。有些病人从外地特意慕名而来，为了感恩，往往会送些当地上好的土产：昆山的送阳澄湖大闸蟹；浙江的送舟山大鲳鱼、三门大青蟹。兄弟知我是个馋人，故一有病人送的土产，就分送我一些。

这只上品火腿，兄弟特意去肉摊让摊主分斩成段，以送亲友，到我手上的是最好一段。我的鼻子有些异禀，只要一闻，那种时间慢渗入火腿中的腌香味立刻弥散到味蕾中。我无须品尝就知是顶极货。

清人赵学敏引常中丞《笔记》云："兰薰，金华猪腿也。南省在在能制，但不及金华者，以其皮薄而红，熏浅而香，是以流传远近，目为珍品，然亦惟出浦江者佳。"（《本草纲目拾遗》）常中丞《笔记》，即《受宜堂宦游笔记》，作者为乾隆年间浙江巡抚、文人纳兰常安。

纳兰常安给火腿起了非常雅致的名称：兰薰，典出南朝宋颜延之《祭屈原文》"兰薰而摧，玉缜则折"[注4]。玉缜其色：玉温婉凝白；缜指纹理缕细，火腿片薄后的肥和瘦，确如斯态。

兰薰其味！"凡金华冬腿三年陈者，煮食气香盈室，入口味甘酥，开胃异常"（《本草纲目拾遗》）。"气香盈室"，予甚赞同。大食家袁枚描绘"蜜火腿"就比较夸张："余在尹文端公苏州公馆吃过一次，其香隔户便至，甘鲜异常。"他在尹继善（谥号"文端"）家吃火腿，怎么就知道隔壁人家能闻其香？又不是吃臭豆腐：其臭隔户便至！

金华火腿之所以名冠中华，与金华人对猪的饲养有密切关系。清嘉道名臣梁章钜曰："盖金华人多以木甑捞米作饭，其

饭汤浓厚，专以饲猪，兼饲豆渣糠屑，或煮粥以食之。夏则兼饲瓜皮菜叶，故肉细而体香。"（《浪迹三谈》"火腿"条）

吃得好，才能"肉细而体香"。早在明末清初，大食家李渔就曾记载："豕肉以金华为最，非饭即粥，故其为肉也甜而腻。"但非常奇怪，李渔在整部《闲情偶寄》中，未曾提及"火腿"两字。

金华火腿始于何时，史无定论。比李渔出生早、差不多同时代的大食家张岱，在其名著《陶庵梦忆》里也曾提及金华火腿："越中清馋，无过余者，喜啖方物。……浦江则火肉。"浦江自隋朝就隶属金华，《本草纲目拾遗》曰"金华六属皆有，惟出东阳浦江者更佳"；火肉即火腿。

火腿作为食材，更多的时候做衬托，因为其鲜，因为其珍。吊汤可放几根火腿骨，调羹可放几丝火腿，炒饭可放几颗火腿，煮粥可放几粒火腿，蒸鱼可放几片火腿。做豆腐煲亦可放几块火腿，食之，腴韧嫩鲜，肥腴，瘦韧，腐嫩，汁鲜。

予私下以为，唯独极味海鲜不可放火腿，两鲜相冲，为食之大忌！

李渔说："世间好物，利在孤行。"极品火腿，当然是好物。好物宜孤行，清朝王士雄《随息居饮食谱》："逾二年，即为陈腿。味甚香美，甲于珍馐。养老补虚，洵为极品。取脚骨上第一刀（俗名腰封），刮垢洗净，整块置盘中，饭锅上干蒸闷透。如是七次，极烂而味全力厚，切食最补。然必上上者，始堪如此蒸食，否则非咸则鞭矣。"洵是信之意，鞭是硬之意。

干蒸七次，实在太繁，减为三次："火腿切片，须蒸三次始酥。"（清《调鼎集》）三次关火，独不掀盖，以保火腿"不走香气"。一掀其盖，陈年老香，气韵绕梁。切片食之，腴润酥甘。腴是其肥，酥是其瘦；鲜香则是其本，否则如何"其香隔户便至"！予品食后，绕口余香。

梁实秋先生在《火腿》一文中曾写道："我在上海时，每经大马路，辄至天福市得熟火腿四角钱，店员以利刃切成薄片，瘦肉鲜明似火，肥肉依稀透明，佐酒下饭为无上妙品，至今思之犹有余香。"

先生之言，合了李渔的"世间好物，利在孤行"。而世间好人，兰薰同道！

[注1] 沪语"毛脚女婿"指未转正的女婿，在转正前要带上像样的礼物去准岳父岳母家孝敬，曰"上门"。

[注2] 沪语"蛮吃铜佃"，比较值钱。

[注3] 沪语"介大方"，这么大方。

[注4]《祭屈原文》收入《昭明文选》。兰薰，指兰之馨香，比喻人德行之美。

骨间微肉

周末下楼买菜，带张百元大钞。买条鳜鱼，近五十；两个蔬菜，十来元。逛进超市，买瓶啤酒，仅剩三张十元。到猪肉冷柜前，乖乖！上好肋排竟然五十多元一斤。

不好意思切一根肋排，买了根猪大骨，还剩几毛钱。今年的猪肉，因非洲猪瘟价格疯涨。手上这根骨头是筒子骨，约一斤。猪身上的骨头有多种，南宋吴自牧《梦粱录》"肉铺"条："骨头亦有数名件，曰双条骨、三层骨、浮筋骨、脊龈骨、球杖骨、苏骨、寸金骨、棒子、蹄子、脑头大骨等。"筒子骨既似"球杖骨"，又像"脑头大骨"。

现在猪大骨上的肉，哪有我小时候那么少！骨头上的肉盈盈顾盼……

回家炖汤，或放萝卜，或放莲藕，或放山药，或放蘑菇。汤成喝汤，会吃的，吸点筒骨中的骨髓，算是对这根骨头有了最后的交代。

这要在从前，简直是暴殄天物。

总觉得 1980 年代是我记忆里最纯正的年代，人纯，物也纯。但没什么好东西吃。当年父亲在青浦工作，每周回家一次。每次回来，总是双肩各扛一个麻袋，一麻袋肉骨头，一麻袋其他吃食。

说是肉骨头，可那时候的卖肉师傅剔肉功夫堪称一绝：绝对让骨头上只有一点点肉（骨头的弯处刀碰不到）。父亲带回的肉骨头，价廉质高，每一根都是壮骨，虽然肉稀少了点。

姆妈早已备好一尺来高的超深大砂锅。整根大骨横剁为二，洗净，入姜、黄酒、水，往煤球炉上一放，慢笃慢炖一整天（要不时撇去浮沫）。肉骨头的香，伴着煤球气味，在陋屋中也飘散一整天。

晚饭时刻，这锅炖得烂熟的鲜香骨头汤，就成为餐桌上的重点美味。

我们家吃骨头，讲究三味：一味"吃肉"，二味"吸髓"，三味"啃骨"。

一味"吃肉"。炖了一整天的肉骨头，骨肉离散，肉被炖得酥烂，蘸点酱油，绵香酥润。在荤菜稀少的 1980 年代，这肉骨头上的一点点肉，无疑能让清贫的人家，填上一丝幸福。

骨间微肉，_丝丝入味_，"得微肉于牙綮间，如食蟹螯"（《仇池笔记》）。苏轼食何物如此津津有味？羊脊也："惠州市寥落，然每日杀一羊，不敢与在官者争买。时嘱屠者买其脊，骨间亦有微肉，熟煮熟漉，若不熟，则泡水不除，随意用酒薄点盐炙微焦食之。"

没钱就吃羊脊，"用酒薄点盐炙微焦食之"，苏轼，大食家也；"如食蟹螯"虽略有夸张，但"食"出了逆境中"一蓑烟雨任平生"的潇洒，苏轼，大气魄也！

我家之"二味吸髓"堪比"如食蟹黄"。大筒肉骨，内有骨髓，酥黏，吸之入口，鲜极！如今亦有好此味者，用根塑料管子猛吸，却比不上我们当年用嘴的巧妙。"吸"大筒肉骨内的骨髓，要舌唇并用，轻缓猛急，恰到好处，方能为之。

我常常能吸出一整条软绵绵、入口即化（找不到比之更精确的词了）的骨髓，清《调鼎集》："猪骨髓，名龙条。"

这其中的乐趣，非一餐啃上五六根大骨、一月吃上二三次的人，不能知晓。当年的肉骨头，几分钱一斤。古代的肉骨头更贱，南宋《西湖老人繁胜录》"瓦市"条："大店每日使猪十口，只不用头蹄血脏。遇晚烧晃灯。拨刀饶皮骨，壮汉只吃得三十八钱。起吃不了，皮骨饶荷叶裹归。缘物贱之故。起每袋七十，省：二斤二两肉卖九十，省一斤。城内诸店皆如此饶皮骨。"拨刀是两宋间的吃食，另论。"饶"有另送之意。吃拨刀送皮骨，缘于皮骨"物贱"。

整段文字句读，原本难以理解［注1］。最难在"起每袋七十省二斤二两肉卖九十省一斤"的句读上，为此我请教了曾担任拙著《小吃大味》和《古人的餐桌》编辑的黄慧鸣老师，她提出重点在"省"字上，并大概明示我文中要意。

一语慧解梦中人！

因此断句："起每袋七十，省：二斤二两肉卖九十，省一斤。城内诸店皆如此饶皮骨。"省，有优惠之意。理解了这句话，可知南宋猪肉几钱一斤，亦可晓南宋商人的生意经，更可明白南宋经济之发达〔南宋是"当时全世界最富有和最先进的国家"（《中国国家地理》）〕。

"送皮骨"的生意经是这样的：要先用七十钱买一大袋皮骨，才可得优惠：以九十钱买二斤二两猪肉（优惠送一斤）。宋朝 1 斤 = 16 两，正常情况下，九十钱买一斤二两肉（1.125 斤），90/1.125 = 80，即每斤猪肉八十钱。

要先花费七十钱买皮骨，才能优惠，故 70 + 90 = 160 钱，也就是买二斤肉的钱。花二斤肉的钱买到二斤二两肉外加一大袋皮骨，买家怎么算都开心。卖家也开心，本来买家想买一斤肉，看到"买一送一"，又多花了一斤肉的钱。

"繁荣经济，促进消费"就是这么"饶来饶去"饶出来的！宋人的"饶皮骨"，真乃精商之道。不过也由此看出，从古到今，猪骨头都很便宜。

我家之"三味啃骨"，得"措大三昧"［注2〕。大筒肉骨，一头大一头小，大头上包裹着一层胶原脆骨，即使炖上一整天，也不会与大骨分离，炖熟后微卷。这层脆骨我最是喜欢，蘸点酱油，一点点"啃"，其趣甚味。脆韧凝口，有齿感。先"啃"翻卷在外的，再一点点"啃"紧附骨头上的。

越难啃的，啃得越有味。长大后发觉，追女朋友跟啃大骨，颇有异"趣"同工之妙！

大骨上有一样东西，非当年曾吃过无数根大骨者，而不得其妙：那就是大骨！

肉骨头，肉吃了，骨髓吸了，脆骨啃了，就剩下一根光光的大骨，还有什么可吃？有，骨"头"，或就是吴自牧记载的"脑头大骨"。大骨真正最最滋味，恰恰是大骨头的本身。

大筒子骨，一头大一头小，小头和中间筒骨，就算炖一整天，也咬不动。唯有大骨的大头，经过一整天炖煮，看上去依然饱满敦实，其实酥软。用嘴深深一咬，再猛吸，会咬吸出一种特别的滋味来。那是一种深入骨髓的滋味，无法用言语形容，我谓之为：髓鲜！

啃完肉骨头，残渣满满一桌子，全家动手撸进麻袋（可卖与废品回收站）。清理完后，母亲用勺从大砂锅里舀点汤到小锅里，烫上几片青菜。那个汤是真浓啊！撇起碧绿青菜，滴下浓浓稠汁，堪比《梦粱录》"面食店"条里的"猪大骨清羹"。

汤清羹浓，一尺深汤，半锅大骨，慢熬一天，如何不浓？

更浓的，是父亲肩扛麻袋的身影！

[注1] 新林案：国内句读版只三种，一、《东京梦华录》（外四种），上海古典文学出版社1956年版。二、《东京梦华录》（外

四种），中华书局 1962 年版。三、《中国烹饪古籍丛刊》，中国商业出版社 1982 年版。三版文字句读均是："内有起店数家，大店每日使猪十口，只不用头蹄血脏。遇晚烧晃灯拨刀，饶皮骨，壮汉只吃得三十八钱，起吃不了，皮骨饶荷叶裹归，缘物贱之故。起每袋七十，省二斤二两肉，卖九十，省一斤。"

［注 2］苏轼《东坡志林》"措大吃饭"条："有二措大相与言志，一云：'我平生不足惟饭与睡耳，他日得志，当饱吃饭了便睡，睡了又吃饭。'一云：'我则异于是，当吃了又吃，何暇复睡耶！'吾来庐山，闻马道士嗜睡，于睡中得妙。然吾观之，终不如彼措大得吃饭三昧也。"新林案："措大"，类沪语之"戆大"（非脑子真坏）；"昧"，奥妙、诀窍。"三昧"是佛教的修行方法之一。

落霞孤鹜

"落霞与孤鹜齐飞",诗意、画意、美意、情意,意意俱到。我看过不同版本的白话文翻译,都卡在"鹜"字上,多释作"飞鸟"或"野鸭"。记忆中 2017 年电视台有档"诗书"节目,其中一道选择题是解释"落霞与孤鹜齐飞"的"鹜"字,选手回答"野鸭",主持人大喊一声:"恭喜你,答对了。"评委亦频频微笑颔首!

查《康熙字典》"鹜"字,一头雾水,说法不一,但有三个关键字:鸭、凫、鹜。再查厚达五千多页的《汉语大字典》,"鹜"字在 4649 页,有①②③④条解释。第一释条"①家鸭",十行近二百多个字。一字一字仔细看,第一行即出现三个关键字:鸭、凫、鹜。

看到第六行,脑子瞬间懵傻!"又野鸭"。说好了是家鸭,却来个野鸭,白相我 [注1]?

《康熙字典》"凫"字,没明确说法,依然出现"鸭凫鹜"三个关键字。《汉语大字典》"凫"(4614 页)字,同样没明确说法,照例出现:鸭、凫、鹜。

于是我就不敢去查"鸭"了,怕一查查出个"白马会所"[注2]!

从这三个关键字：鸭、凫、鹜，可得出结论，三个字都跟鸭有关。后两个字现代人不常用，只是因着"落霞与孤鹜齐飞"传颂了一千三百多年，而使今人记住了"鹜"。但"凫"知晓的人并不多。

三千年前，古人已射凫为馔。《诗经·郑风·女曰鸡鸣》："女曰鸡鸣，士曰昧旦。子兴视夜，明星有烂。将翱将翔，弋凫与雁。……"这首《女曰鸡鸣》，通过对话形式，表现夫妻间真挚的爱情。大致意思：女子说雄鸡叫了，男子说天快亮了。快起来看那夜空，启明星闪亮灿烂。鸟儿在空中飞翔，射点鸭雁给你尝。

为何要射？凫、雁高飞。否则叫抓、叫逮，家鸭一扑一跳跑得快，追着追着总能抓到、逮到，不需要射。故《诗经》中的凫是野鸭。

野鸭与家鸭的区别，一在高飞，二在毛色，三在其味。野鸭能高飞，家鸭不能；野鸭毛色彩亮，家鸭毛色灰暗；野鸭肉紧而香润（《调鼎集》"家鸭取肥，野鸭取其香"），家鸭肉肥而腴嫩（《竹叶亭杂记》"填鸭六七日即肥大可食，肉之嫩如豆腐"）。

类比的话，似鸡和野鸡。野鸡是雉，品种繁多，其羽锦灿，其味佳异（参见拙著《古人的餐桌》之《雄野鸡也》）。

鸭和野鸭均可入"上席"，清《调鼎集》"上席"菜单，记有"挂炉片鸭"（烤鸭）、"瓢鸭"、"炖鸭块"、"肥鸭块煨海参"、"莲肉煨鸭"、"火腿冬笋煨鸭块（去骨）"；"野鸭烧海参"、"炒野鸭片"、"热切火腿配野鸭脯"、"野鸭烧鱼翅"。

鸭更是上食，《周礼·春官·大宗伯》："以禽作六挚，以等诸臣。孤执皮帛，卿执羔，大夫执雁，士执雉，庶人执鹜，工商执鸡。"挚，执手访客的见面礼。周朝时候，见面礼分等级（"以等诸臣"）。汉郑玄注"鹜，取其不飞迁"，唐贾公彦疏"执鹜，鹜即今之鸭。是鹜既不飞迁，执之者，象庶人安土重迁也"（《周礼注疏》）。"鹜不飞迁"，家鸭也。

士农工商，士执雉，"庶人执鹜，工商执鸡"。鹜鸡相配，"左手一只鸡，右手一只鸭"。

屈原《卜居》，被收入《文选》。中有两段话，前一段："宁昂昂若千里之驹乎？将氾氾若水中之凫乎？"昂昂，志行高也；氾氾（fàn），浮泛意，凡也。后一段："宁与黄鹄比翼乎？将与鸡鹜争食乎？"与鸡鹜争食，也就是与鸡鸭争食。

李时珍引《卜居》[注3]后曰："此以凫、鹜对言，则家也、野也，益自明矣。"李时珍不知道"落霞与孤鹜齐飞"？哪里可能！《本草纲目》"鹜"条这句话才是重点："盖鹜有舒凫之名，而凫有野鹜之称，故王勃可以通用，而其义自明。"什么意思？一、鹜有舒凫之名；二、凫有野鹜之称。故李时珍说王勃可以通用。

这也就是我一开始查《康熙字典》和《汉语大字典》"鹜"和"凫"，脑子被搞糊涂的原因！

《尔雅·释鸟》："舒凫，鹜。"《说文解字·鹜》："鹜，舒凫也。"《说文解字·凫》："舒凫，鹜也。"你说这弯弯绕的，头痛！不过李时珍说的"鹜有舒凫之名"总算找到出处了。有出处并不等于解决问题，"舒凫"到底是什么意思？

清训诂大家段玉裁一出手，把"凫"解决得痛快漂亮："野曰雁、凫，而畜于家者曰舒雁、舒凫，是为鹅、鹜。舒者，谓其行舒迟不畏人也。诗'弋凫与雁'，以及他言鸿雁凫鹥，皆谓野鸟，非舒凫、舒雁也。"（《说文解字注》）

段氏最关键一句"舒者，谓其行舒迟不畏人也"，鸭子走起路来行动舒迟且不怕人，故舒凫（鹜）即家鸭。段氏并引《诗经》"弋凫与雁"，不言而喻，凫即野鸭，舒凫（鹜）即家鸭。

"凫有野鹜之称"，鹜是家鸭，则凫有野鹜之称。所以李时珍说"盖鹜有舒凫之名，而凫有野鹜之称，故王勃可以通用"。但王勃乃初唐四杰之首，不可能不知道"鹜"字何意！

《滕王阁序》是洪州刺史阎伯屿大摆宴席时，王勃即兴泼墨的不朽杰作。在众目睽睽下，张狂就显示不出王勃的天才。笔意曲婉，墨里藏锋，是为人杰！野鸭喜群飞，家鸭不独行。请把"孤鹜"想象成王勃本人，这句"落霞与孤鹜齐飞"才真正是：

曲意高远！

[注1] 沪语"白相"作动词之意有三：（1）作弄人；（2）玩弄异性；（3）游玩。此处为（1）。

［注2］百度"上海白马会所"：2019 年 1 月 25 日，上海白马会所工作人员发布了一组照片令人咋舌——照片中是堆积如山的奢华礼物。1 月 28 日，当地警方已经依法查处这家会所。这家会所从事的就是有偿陪侍服务。只不过，服务对象是女性，服务生是男性。

［注3］李时珍误《卜居》为《离骚》。

燕雀鸿鹄

"燕雀安知鸿鹄之志哉",是我中学语文课记得住的古文之一。只因老师在朗读此句时,声情并茂,"鸿鹄"两字,音长拍慢。"鸿"字半秒,"鹄"音相随,抑扬顿挫。老师的肢体语言更是绝妙,"鸿"字一出,脖子右转——刚好半秒;"鹄"音缓缓,脖子昂扬——又是半秒。我不由自主跟随老师,脖子左转(面对面嘛),再向上昂扬——只见天花板白花花一片茫芒然。

我记性不好,遇见老友,经常尴尬,叫不上人家姓名。但影像记忆甚佳,乐队一老友,三十年后偶遇,双方两手紧握,伊大叫"芮新林",我尴尬之余,突然蹦出:"普希金铜像下阿拉谈了通宵侬还记得哦?"(普希金铜像乃上音附中附近的沪标雕塑)对方顿时一激,动力更加于手。一股暖流涌入拳心,寒暄过后,双方脱手,只觉一巴掌湿淋淋汗水淌淌滴。

于影像的记忆,使我记住了燕雀和鸿鹄,老师昂首,喻鸿鹄之高。"鹄"字缓缓,其音 hú 啦〔搓过麻将的都知道"胡"(hú)字拖长音——激动人心〕,至于鸿鹄是什么,当时真不知道。现在知道的似乎也不多,北大校长在 120 周年校庆上,铿锵激昂,勉励学生"要励志,立鸿浩(hào)志",hào 音一脱,语惊四座！差点把三十二任前校长从地下拍起。

"鸿鹄"两字，其源在古。《说文》："鸿，鸿鹄也。""鹄，鸿鹄也。"等于没说。段玉裁《说文解字注》："鹄，鸿鹄也。（凡经史言鸿鹄者，皆谓黄鹄也。或单言鹄，或单言鸿。）"括弧内是段氏注。段氏之意，鹄是黄鹄，"鸿鹄"乃一鸟，非鸿即鹄。

古文讲究对偶。"鸿鹄"若为一鸟，则"燕雀"亦一鸟乎？《说文》："燕，玄鸟也。"玄，黑也。《说文》："雀，依人小鸟也。"段氏《说文解字注》："雀，依人小鸟也。（今俗云麻雀者是也。其色褐。……又有似雀而色纯黄者曰黄雀。）""色褐"者，麻雀；"色纯黄"者，黄雀（参见拙著《古人的餐桌》之《嘉宾何多》）。

"褐""纯黄"，与"玄"色异，则"燕""雀"为二鸟无疑。

段氏且曰"凡经史言鸿鹄者，皆谓黄鹄也"，此言过矣！段氏同仁 [注1] 朱骏声释"鹄"，有黄有白，《说文通训定声》："鹄，鸿鹄也。（《西都赋》注引《说文》'黄鹄也'。按：形似鹤，色苍黄。亦有白者，其翔极高，一名天鹅。）"括弧内是朱氏注。

"苍黄"，灰黄。白者，"其翔极高"，出于视线，此乃天鹅。朱氏或言，天鹅乃"鸿鹄"中的白者。三国吴陆玑《毛诗草木鸟兽虫鱼疏》，是一部针对《诗经》中动植物进行注解的专著，陆玑疏《诗经·豳风·九罭》"鸿飞遵渚"曰："鸿鹄，羽毛光泽、纯白，似鹤而大，长颈。肉美如雁。又有小鸿，大小如凫，色亦白，今人直谓鸿也。"

朱氏言"白者，其翔极高，一名天鹅"，陆玑曰"纯白""长颈""肉美如雁"，一言一曰，天鹅无疑："鹄【释名】天鹅。【集解】〔时珍曰〕鹄大于雁，羽毛白泽，其翔极高而善步，所谓'鹄不浴而白''一举千里'，是也。"（《本草纲目》）"鹄不浴而白"，出自《庄子·天运》；"一举千里"，出自《史记·留侯世家》。

"翔极高"，天鹅飞行高度可达九千米，能飞越世界最高山峰——珠穆朗玛峰。我曾在《至女儿依依——祝你二十岁生日快乐》中写道："老爸常常跟你说，要志向远大，要做能飞过珠穆朗玛峰的雄鹰。后来才知道，能飞得过珠穆朗玛峰的，是天鹅。优雅而心高，才能展翅。人不能飞翔，但心可以！"比较煽情，也不知女儿听没听进。

李时珍曰："案《饮膳正要》云：天鹅有四等，大金头鹅，似雁而长项，入食为上，美于雁。"元朝忽思慧《饮膳正要》"天鹅"条："味甘、性热、无毒，主补中益气。鹅有三四等：金头鹅为上；小金头鹅为次；有花鹅者；有一等鹅不能鸣者，飞则翎响，其肉微腥。皆不及金头鹅。"《饮膳正要》元天历三年（1330）刊本，既有"四等天鹅"线描版插画（忽思慧是元仁宗延祐年间饮膳太医，此书等同"御刊"），又配上蒙语"也可失剌浑，大金头鹅也"；"出鲁哥浑，小金头鹅"；"阿刺浑，花鹅也"；"速儿乞刺，不能鸣鹅"。

《饮膳正要》"天鹅"条并无"美于雁"三字，我猜测乃李时珍吃后比较而言之。

陆玑言"肉美如雁"，时珍曰"美于雁"，毫无疑问，天鹅肉美。我校读过三百多本历代笔记（饮食部分），从先秦到晚清，天鹅仅十条不到。终其原因，"翔极高"也！"翔极高"的天鹅，被元末明初大家陶宗仪归入"北八珍"。

迄今为止，真正见诸竹纸，全体集合的八珍，唯有"二珍"："周八珍"和"北八珍"。

《周礼·天官·膳夫》："珍用八物。"汉代郑玄考证后认为"周八珍"为淳熬、淳母、炮豚、炮牂、捣珍、渍、熬、肝膋（参见本书《色如琥珀》注2）。陶宗仪《南村辍耕录》："所谓八珍，则醍醐、麆沆、野驼蹄、鹿唇、驼乳糜、天鹅炙、紫玉浆、玄玉浆也。"这是北方民族的八珍，陶宗仪称之为"迤北八珍"，即"北八珍"。

陶宗仪并记载："昔宝赤，鹰房之执役者。每岁以所养海青获头鹅者，赏黄金一锭。头鹅，天鹅也。以首得之，又重过三十余斤，且以进御膳，故曰头。"天鹅肉是御膳，贵非寻常。海青，即海东青："鹘【集解】〔时珍曰〕鹘似鹰而大，尾长翅短，土黄色，鸷悍多力，盘旋空中，无细不睹。青鹘出辽东，最俊者谓之海东青。"（《本草纲目》）

海东青是鹘中极品，能擒"翔极高"之天鹅，因其"盘旋空中，无细不睹"。清朝云贵总督、纪晓岚弟子赵慎畛《榆巢杂识》记载："黑龙江出海东青。身小而健，其飞极高，能擒天鹅，羽族之最鸷者。"

海东青是羽族之最鸷凶者，然非羽族之极翔高者。"极翔高"者，鹄也；"极翔高"者，鸿也："雁【释名】鸿。"（《本草纲目》）

女儿二十岁的生日是 2013 年 3 月 12 日，没想到 2013 年 8 月 13 日，我收到她从长江源寄来的一张明信片："老爸，我现在在沱沱河绿色江河保护站。反面的斑头雁是唯一能飞过珠峰的鸟。愿我能像它一样飞过我人生的高峰。老爸也能像那大鸟一样陪我一起飞翔！"

感谢女儿，她记住了我的话。

我想对女儿说：不是"唯一"，而是"唯二"——鸿与鹄。

鸿鹄之志，翔高万米，极目千里！

[注 1] 清朝《说文》四大家，段玉裁《说文解字注》、桂馥《说文解字义证》、王筠《说文释例》《说文解字句读》、朱骏声《说文通训定声》。

蛙叫鸡名

鸡好吃，蛙更好吃。可偏偏蛙的别名都叫"鸡"：田鸡、水鸡、石鸡。癞蛤蟆也是蛙类，因其形丑，与"鸡"无缘。田鸡是最普通的"鸡"，上至皇上、下至臣民都喜欢（参见拙著《古人的餐桌》之《坐鱼三斤》）。

和内子去黄山旅行，在山脚下吃过一味"石鸡石耳双石汤"。石耳鲜腴，石鸡鲜润，清汤涟漪，野鲜肆意。两人你一口"石"，我一口汤，风卷残云，瞬间罄尽。

石耳生长于山石岩隙，石鸡藏蛰在高山深涧，均为山珍，得之不易。石耳，李时珍称美有加，"作茹胜于木耳，佳品也"（《本草纲目》）。石鸡，屠本畯赞不绝口，"石鳞，生高山深涧中，皮斑，肉白味美"，"闽人饮馔以此为佳品"，"似水鸡而巨，肉嫩骨粗而脆"（《闽中海错疏》）。

同为明人的陈懋仁，其《泉南杂志》记载："蛙，一名石鳞鱼，紫斑如缬锦，生溪涧高洁处，其大如鸡，得亦不易。厥俗兼皮食之。有见饷者，余令人纵之野中，左右瞪眸不转曰：此难得之珍味也。"泉南是泉州的别称。厥，其也；厥俗指当地风俗。陈氏得人馈赠（见饷），却放生石鳞，是茹素抑或不忍？纵观全书，陈于馔饮，兴味广博，"西施舌味极鲜美"，"龙虱小有风味","龙虾肉实有味","蚶鲜美特异"。

陈氏先纵石鳞于野，后闻左右愕言"此难得之珍味"。窃以为，陈弃石鳞，实恐"厥俗兼皮食之"（皮多痱磊，其状可怖）。晚年下笔，悔不当初，乃书"大如鸡"[注1]。鸡越大，恨越深！

文人之笔，多有添墨。学家着墨，一笔一画。屠本畯书石鳞"肉白味美"后，居然介绍起密捕法："捕者不可预相告语，密以黄历首一叶纳诸灶中，即抱松明措火而去，缘崖吸石，以火照之，见火辄醉不动，十不脱一。"

"悄悄地进村，打枪的不要。"

密捕行动有规矩，古人曰"不可预相（预先相互）告语"，抓的又是要犯："往予闻闽人言，石鳞灵物，人往捕，执炬出门，禁毋相告，至彼可获，否则俱匿矣。炬至，石鳞群坐石上，观火不动，以是尽得之，何独灵于闻声而昧于观火耶？"

"灵于闻声"，听觉灵敏；"昧于观火"，视力极差。屠本畯是中国最早的海洋动物学家，我觉得他可以兼任兽类动物学家。

石鸡的俗名是石蛙，学名棘胸蛙，别名石鳞、山蛤、石蛤。北宋宰相、药学家苏颂《本草图经》"虾蟆"条："又有一种大而黄色，多在山石中藏蛰，能吞气饮风露，不食杂虫，谓之山蛤。山中人亦食之。"苏颂的描绘，亦真亦幻。"多在山石中藏蛰"，真；"吞气饮风露"，幻。石蛙只喝西北风，不要饿死啊！

人要不饿死，只能吃。山蛤"山中人亦食之"，靠山吃山。

人吃，始为填饱肚子，渐为口嗜之欲。能将口嗜之欲咂巴出滋味，谓之品尝；更高一层，称之品鉴。生物学家对品鉴动物似乎颇有心得，南北朝医药家陶弘景《本草经集注》"虾蟆"条："又一种黑色，南人名为蛤子，食之至美。"

弘景自号华阳隐居，故苏颂曰："陶隐居云'黑色者，南人呼为蛤子，食之至美'，即今所谓之蛤，亦名水鸡是也。闽、蜀、浙东人以为珍馔。"（《本草图经》"蛙"条）苏颂也许是被"吞气饮风露"的山蛤所迷惑，而错此"蛤"为"水鸡"。石蛙因环境不同而呈现各种斑斓的色彩，黑是其色，黄也其彩，紫亦其斑。闽、蜀、浙东多山区，故苏颂所叙之"蛤"当为"石鸡"。

"食之至美"，美味；"珍馔"，珍肴。世间珍味，能品则鉴，南宋张世南《游宦纪闻》："予世居德兴，有毛山环三州界，广袤数百里。每岁夏间，山傍人夜持火炬，入深溪或岩洞间捕大虾蟆，名曰石撞，乡人贵重之。世南亦尝染鼎其味，乃巨田鸡耳。"德兴属江西（赣），毛山是今大茅山景区，三州界指赣东、浙西、皖南三州交界。张氏所述"夜持火炬，入深溪或岩洞间捕大虾蟆"与屠本畯的"密捕行动"似有渊源，惜其"染鼎其味"，却得田鸡滋味！"石撞"可佐石蛙之名。

美味珍肴是极味。石鸡味极，他"鸡"亚之，故而屠本畯曰"水鸡可食，味不及石鳞"。"味不及石鳞"如实说出了水鸡的滋味。动物学家光动嘴不行，还得动眼、动耳："水鸡，似

石鳞而小，色黄皮皱，头大嘴短，其鸣甚壮，如在瓮中。"（《闽中海错疏》）

"其鸣甚壮，如在瓮中"形象道出了水鸡的鸣叫声。"其鸣甚壮"四字，也出现在《本草经集注》"虾蟆"条："大而青脊者，俗名土鸭，其鸣甚壮。"在古代，虾蟆是各类蛙的统称，又称虾蟇、蛤蟆、螫蟆、蛤蟊。

苏颂《本草图经》："陶隐居云'大腹而青脊者，俗名土鸭，其鸣甚壮'，即《尔雅》所谓'在水曰黾'者是也。"苏颂在"大"字后加了个"腹"，形象而生动。苏颂站在陶弘景的巨肩上，李时珍又站在数代前辈的巨肩上，使古代《本草》（从《神农本草》到《本草纲目》），一步一步走向辉煌！

论学问，苏颂还是比陶弘景更胜一筹。"在水曰黾"的黾字，别说读，就是让我抄十遍都写不会。

水鸡"其鸣甚壮"，土鸭大概"其吼也亮"。北宋赵令畤觉得水鸡跟土鸭不般配："水鸡，蛙也。水族中厥味可荐者。鸡（郭璞注《尔雅》云：一名水鸭）。"（《侯鲭录》）[注2] 括弧内是赵氏自注。

这段文字，别说我，乾隆进士阮葵生看后也一头雾水："今人呼蛙曰水鸡，殊不可解。按：宋已有之，见赵德麟《侯鲭录》。"（《茶余客话》）阮葵生既没吃过水鸡，更没听说过水鸭，再被赵令畤（字德麟）一折腾，"殊不可解"也。

可解者，郭璞。《尔雅·释鱼》："鼁䲷，蟾诸。在水者黾。"黾（měng），郭璞注："耿黾也，似青蛙，大腹，一名土鸭。"（《尔雅注疏》）哪里有水鸭？赵令畤乃宋太祖次子燕王德昭玄孙。唉！德麟读《尔雅》不熟，几为祖宗羞。

"在水曰黾"，就是水鸡喽！水鸡的学名虎纹蛙，味亚于石鸡，但不逊其色，故屠本畯曰"水鸡可食，味不及石鳞"。大食家袁枚毕生追求口嗜之欲，虽未品鉴过"食之至美"的石鸡，但品尝过"亚军鸡"，《随园食单》："水鸡去身，用腿。先用油灼之，加秋油、甜酒、瓜姜起锅。或拆肉炒之，味与鸡相似。"

味与鸡似，还不如吃鸡呢——又大又肥又便宜。

唉！袁枚品水鸡如鸡，几为水鸡羞。

[注1] 新林案：屠本畯"似水鸡而巨"、陈懋仁"其大如鸡"、张世南"巨田鸡"，三人所述的野生石蛙要远大于现代野生石蛙。窃以为这种大型野生石蛙，其种群已灭绝。

[注2] 新林案：赵令畤《侯鲭录》，清《知不足斋丛书》本、文渊阁《四库全书》本、明《稗海》本，均为"水鸭"无疑。另案：文中后一"鸡"或为衍，或前脱"水"字。

竹根稚子

稚子是什么东西？问老杜。其诗曰："竹根稚子无人见，沙上凫雏傍母眠。"[注1] 这十四个字，除稚子外，竹根、无人见、沙上、凫雏、傍母眠，都不难理解。特别是诗的后一句，译成白话：沙滩上小野鸭依偎着母亲在睡觉。非常温馨的景象，使杜甫心生爱意，诗情满怀。

诗我不懂，但诗讲究对偶，这个略知。"沙上凫雏傍母眠"，显然是杜甫亲眼见到的。杜甫既然为诗圣，对偶肯定高明。后一句见到了，前一句"无人见"，此乃诗中的"兴"。

"兴"，朱熹谓之"先言他物以引起所咏之辞"。如"关关雎鸠，在河之洲"，以一对水鸟"兴"起后面一句"窈窕淑女，君子好逑"，即一对水鸟引出一对男女。

"竹根稚子无人见"，想"兴"起什么呢？想象一下杜甫对着竹根发呆，却看不见"稚子"，犹如思念佳人却见不到，奈何？"想佳人妆楼颙望，误几回天际识归舟？争知我、倚栏杆处，正恁凝愁！"杜甫见不到稚子，干脆诗兴大发。

杜甫是伟大的现实主义诗人，与伟大的浪漫主义诗人李白不同。李白可以"飞流直下三千尺"，不怕脖子仰断，杜甫不会。既然是现实主义诗人，杜甫发呆而出的诗句，总有其道理。他是在想象竹根下的笋在慢慢生长吗？或是在想……

谁知道杜甫在想什么！

后世有人替他想了，宋朝文人多，发痴者亦多。吴坰《五总志》："老杜诗云：竹根稚子无人见，沙上凫雏傍母眠。唐人《食笋》云：'稚子脱锦绷，骈头玉香滑。'则稚子为笋明矣。"稚子就是笋。锦绷即笋壳，脱了笋壳的稚子，嫩得很！

有人想得几乎一模一样，孔平仲《孔氏谈苑》："老杜诗曰：笋根稚子无人见。唐人《食笋》诗云：'稚子脱锦棚，骈头玉香滑。'则稚子为笋明矣，故一名曰稚子。"吴坰和孔平仲均引唐人《食笋》诗，以证稚子即笋。

区别在：前文是"竹根稚子"，后文是"笋根稚子"。竹根显然别于笋根，若稚子是笋，"笋根稚子"不就成了"笋根笋子"，杜甫还是诗圣吗？

姚宽却引用唐朝另一诗人，人称小杜（杜牧，字牧之）的诗，以证稚子即笋，《西溪丛语》："杜牧之《朱坡》诗云：'小莲娃欲语，幽笋稚相携。'言笋如稚子。与杜甫'竹根稚子无人见'同意。"同意，同样的意思，不是上级同意。

小杜既然这么说了，大杜还有什么话好讲的。大肚能容嘛！

大杜大肚，宋朝文人虽不小肚，但会较劲，疑虑声声。惠洪《冷斋夜话》引北宋高僧赞宁《杂志》曰："竹根有鼠大如猫，其色类竹，名竹豚，亦名稚子。"说稚子是只鼠，还大如猫，颜色类似竹子。

怪不得，杜甫看不见！

明清后，文人意见基本统一。徐弘祖在其六十多万字的《徐霞客游记》中，所记吃食，虽仅数十条，却提到竹鼠："形如小猪而肥甚，当即竹䶉。笋根稚子，今始见之矣。大者斤许，小者半斤。"

李时珍《本草纲目》："竹䶉【释名】竹豚。【集解】〔时珍曰〕竹䶉，食竹根之鼠也。出南方，居土穴中。大如兔，人多食之，味如鸭肉。"味如鸭肉，说明李时珍吃过。清朝屈大均《广东新语》："竹䶉，穴地食竹根，毛松，肉肥美亦松。……味如甜笋。血鲜饮之益人。傜中以为上馔，谓之竹豚。"

两人描写竹鼠"食竹根"一致；"豚"同"豚"，即小猪，也一致。其实早在晋朝，刘欣期《交州记》就曾曰："竹鼠，如小狗子，食竹根，出封溪县。"

李时珍说"味如鸭肉"，屈大均却说"味如甜笋"，这口味，哪跟哪！清人顾彩比较实在："竹䶉即笋根稚子，以谷粉蒸食，甚美。"（《容美纪游》）"甚美"两字，简单明了，就是不知其"甚"的是什么味。

味道就不说了，反正我没吃过，没吃过就没发言权。没吃过的又不是我一个，人家照样发言，明朝张岱《夜航船》："稚子一名竹豚。喜食笋，善匿，不使人见。故杜诗有'笋根稚子无人见'之句。"

张岱所言"善匿，不使人见"，予甚赞同。您想啊，鼠类胆子都小，当杜甫踏着树叶发出沙沙声响的时候，竹鼲早就溜走了！

[注1]《全唐诗·卷二百二十七·绝句漫兴九首》："糁径杨花铺白毡，点溪荷叶叠青钱。笋（一作竹）根稚（一作雉）子无人见，沙上凫雏傍母眠。"新林案：此诗为"九首"之七，括弧内是《全唐诗》原注。《清史稿·志一百二十三·艺文四·集部·总集类》："《全唐诗》九百卷（康熙四十六年，彭定求等奉敕编）。"

肆有戍肉

　　我从小就知道徐霞客，因着他的游记。我到老才知道徐弘祖，也因着他的游记。《四库提要·徐霞客游记》："明徐弘祖撰。弘祖，江阴人，霞客其号也。"

　　游记隶属历代笔记的范畴，予只看书里的饮食部分。弘祖既然要游，必然要吃。游历天下，吃遍八方，传奇一生，大概是每个人心中的梦想。带着强烈的好奇心，2019 开年，始读赫赫有名的《徐霞客游记》。

　　六十多万字的游记，被我一目十行快速扫描，连看带校，用时仅四天。吹牛吧？我不是说过我只看饮食部分的嘛！本以为从书中能发掘"饮食"宝藏，非常可惜，弘祖其人，爱江山不爱美食。

　　六十万字，馔饮记录加起来总共数十条，不足千字尔！

　　第一条记录，平淡无奇："与王敬川同入歙人面肆。面甚佳，因一人兼两人馔。"（《浙游日记·丙子十月·初九日》）崇祯丙子，1636 年。歙人面肆，即歙县人开的面馆。"面甚佳"，佳在哪里？没说，只坦白"一人兼两人馔"，胃口老大。

　　千万不要低估古人！

　　第二条："下午，刘以蕨芽为供饷余，并前在天母殿所尝葵菜，为素供二绝。余忆王摩诘'松下清斋折露葵'，及东坡'蕨芽初长小儿拳'，尝念此二物，可与蓴丝共成三绝，而余乡俱无。及至衡，尝葵于天母殿；尝蕨于此，风味殊胜。盖葵松而脆，蕨滑而柔，各擅一胜也。"（《楚游日记·丁丑二月·二十一日》）崇祯丁丑，1637 年。王维，字摩诘。

霞客既知王维"露葵"，又晓东坡"蕨芽"。葵菜，即冬葵。蕨芽，《淳熙三山志》："蕨，《尔雅》曰：蕨，虌也。郭注：初生者可茹。"[注 1] 郭指郭璞，"初生者"始发芽。蓴（chún），《本草纲目》："莼【释名】〔时珍曰〕蓴字本作莼，从纯。纯乃丝名，其茎似之故也。"蓴丝 [注 2]，即莼丝。莼菜丝滑柔润，故"〔保昇曰〕名为丝莼，味甜体软"，保昇指五代后蜀药学家韩保昇。

徐霞客是江阴人，不可能没品尝过莼菜，"余乡俱无"仅指葵、蕨，二物与蓴丝"共成三绝"。"葵松而脆，蕨滑而柔"，凭此八字，弘祖甩无数"身前"美食家于身后！

第三条："竹鱼，小而甚肥，他处所无也。"（《楚游日记·丁丑三月·初十日》）

第四条："途中村妇多觅笋箸中，余以一钱买一束，携至水塘村家煮之，与顾奴各啜二碗，鲜味殊胜。"（《楚游日记·丁丑三月·二十日》）

仅凭四条记录，毫无疑问，弘祖乃知味者。霞客只因探寻自然山水之妙，而无暇顾及美食馔饮之趣，"鱼，我所欲也，熊掌亦我所欲也。二者不可得兼，舍鱼而取熊掌者也"。山水地理概貌，是徐霞客的"熊掌"。

人岂能一顾而二欲也！

第五条："返过南门，见肆有戌肉，乃沽而餐焉。晚宿生祠。"（《楚游日记·丁丑四月·初五日》）南门，指临武县城南门。肆是酒肆、饭馆。戌肉，什么肉？予不知也，且先归到"禽兽总类"。

第六条："一路采笋，盈握则置路隅，以识来径。已而又见竹上多竹实，大如莲肉，小如大豆。""既而导者益从林中采笋，而静闻采得竹菰数枚，玉菌一颗，黄白俱可爱，余亦采菌数枚。从旧路下山，抵刘已昏黑，乃瀹菌煨笋而餐之。"（《粤西游日记一·丁丑闰四月·十三日》）粤西，指广西。竹实，即竹肉，唐段成式《酉阳杂俎》："江淮有竹肉，生竹节上，如弹丸，味如白鸡。"竹菰，即竹苏，如面纱般的菌子。"瀹菌煨笋"，菌要瀹（渍润慢煮也），笋要煨。

霞客啊霞客，您何不多吃点奇珍异兽呢？

予写作古人的饮馔，敬请勿以今人标准看待！

第七条："过显龙庵，又见两人以线络负四枚，形如小猪而肥甚，当即竹𨱏。笋根稚子，今始见之矣。大者斤许，小者半斤，索价每头二分，但活而有声，不便筐负，乃听而去。盖山中三小珍：黄鼠、柿狐、竹豚。惟竹豚未尝，而无奈其活不能携。"（《粤西游日记一·丁丑闰四月·十八日》）

竹㹠，即竹豚。山中三小珍：黄鼠、柿狐、竹豚（一、三小珍，请参见拙著《古人的餐桌》之《美味名鼠》）。"竹豚未尝"，是因为"活不能携"。活物活杀，才得真味。小菜场里，谁会去买死的河鱼！一样的道理。

徐霞客因着旅途劳累（每天要写游记，以山水地理概貌为主），而无暇顾及美食，使后世之人不得而知：小珍之味。

以下文字，可能会引起一些爱狗人士心理、生理上的不适，敬请终止阅读。

第十一条："晨起，天色暗爽，而二病俱僵卧不行。余无如之何，始躬操爨具，（市犬肉，极肥白，从来所无者。）以饮啖自遣而已。"（《粤西游日记一·丁丑六月·初九日》）括弧内是徐霞客的自注。

前述第五条"肆有戌肉，乃沽而餐"，戌肉，十二地支"子丑寅卯辰巳午未申酉戌亥"之戌（xū），属狗。戌肉，狗肉也。"沽而餐"未道其味，"极肥白，从来所无者"，不道而道其味！

"从来所无者"，道出徐霞客极好狗肉！

在中国古代，狗分"田""吠""食"三犬，明内阁首辅朱国祯《涌幢小品》："古者有田犬，有吠犬，有食犬。记曰：士无故不杀犬、豕，指食犬也。"记，指《礼记》[注3]，朱氏所谓"士无故不杀犬"，指食犬。

李时珍进一步解释："狗【集解】〔时珍曰〕狗类甚多，其用有三：田犬长喙善猎，吠犬短喙善守，食犬体肥供馔。"田犬善猎，吠犬善守，食犬供馔。食犬列"三犬"之末。

清人学者官员西清（鄂尔泰曾孙）《黑龙江外记》三犬皆记。

田犬："布特哈田犬各擅一长，精于虎者不捕野猪，精于野猪者不捕雉兔。其捕雉兔者，雉兔伏数矢外此能嗅而得之，号闻香狗。"守犬："人家藉犬为守备多者畜至五六，性既不驯，状尤猂狠。夜深嗥吠，声彻四城……"食犬："库雅喇满洲选家犬肥洁者畜室中，饲以粱肉，以备祭天。然其俗平时不食犬肉，不御狗皮，曰忌讳。今亦不尽然。"西清的汉学造诣，以三犬可窥一豹。

古人很早就知犬、爱犬，南宋谈钥撰《嘉泰吴兴志》："犬，今乡人多畜以警盗。又有田犬，猎户所养，有值数千者。"数千在南宋数目不小 [注4]，可以想见守犬（吠犬）、田犬（猎犬）之地位。

佚名撰、晋郭璞注《穆天子传》，开传记小说之作（成书时间极早，发掘于西晋初年的"汲冢竹简"，学界有西周说、战国说等），在历代笔记（或称历代笔记小说）中具首要地位。前五卷叙述周穆王驾骏西征故事。

卷二："己酉，天子大飨正公、诸侯、王吏、七萃之士于平衍之中。鹥韩之人无凫，乃献良马百匹、用牛三百（可服用者），良犬七十（调习者）。"无凫是鹥韩之人的首领。"良犬七十（调习者）"，括弧内是郭璞注，"调习者"意经过训练的猎犬。

卷三："庚辰，天子东征。癸未，至于戊□之山，智氏之所处。□智□往天子于戍□之山。劳用白骖二匹（骖，騑马也），野马野牛四十、守犬七十（任守备者）。"智氏前往戍□山迎接穆天子，献上白马两匹，野马野牛四十头，守犬七十。括弧内是郭璞注，"任守备者"意防守警卫的守犬。

从《穆天子传》中，可知古人在三千年前已具备训练守犬和猎犬的本领。

"三犬"之外，还少了一种：宠物犬。孟元老《东京梦华录》："若养马，则有两人日供切草。养犬则供饧糟，养猫则供猫食并小鱼。"古人高级，不但养狗养猫，还养马。如今的豪门新贵，别墅再大，也不够马儿溜圈吧！北宋庞元英《文昌杂录》："汉田蚡奢侈，后房妇女以百数，诸奏珍物狗马玩好，不可胜数。"[注5]"奏"，进也。"诸奏"，诸贵奉进之意。"狗马玩好"，即狗马古玩等好东西。

以此观之，古人豢养宠物犬，至少两千年！

由此看来，古人非什么狗都吃。古代也非什么人都吃狗，明叶盛《水东日记》记载了陆游家训："牛耕犬警，皆资其用，虽均为畜，亦不可食。"元人孔齐《至正直记》"议肉味"条云："犬之功与牛马同，且知向主人之意，尤不忍无故烹之。"

"知向主人之意"，元末大文豪陶宗仪用词更精到："狗悉谙人性。"（《南村辍耕录》）人性向善，岂忍烹狗！

不忍烹狗的，还有北宋亡君、书画大家宋徽宗："崇宁初，范致虚上言：'十二宫神，狗居戍位，为陛下本命。今京师有

以屠狗为业者，宜行禁止。'"（南宋朱弁《曲洧旧闻》）

宋徽宗一听，觉得很有道理啊！"因降指挥"，因此而颁布最高指示：

"禁天下杀狗"！

[注1] 文渊阁《四库全书》："蕨【释名】蘩〔时珍曰〕《尔雅》云：蕨，蘩也。"新林案：刘衡如先生费时十年校注《本草纲目》，"蕨"条误："蕨【释名】鳖〔时珍曰〕《尔雅》云：蕨，鳖也。"至新校注本《本草纲目》第四版，误依如故。

[注2]《徐霞客游记》版本诸多，古本分抄本和刊本两类。1980年上海古籍出版社褚绍唐、吴应寿标点整理的《徐霞客游记》，以季会明抄本和乾隆刻本为底本，并参校他本，首次"尽可能地恢复了《游记》的本来面貌"。1985年云南人民出版社出版朱惠荣《徐霞客游记校注》，这是《游记》面世以来首个校注本。"蕈丝"，上海古籍出版社作"薄丝"；云南人民出版社作"蕈丝"，均误。

[注3]《礼记·王制》："诸侯无故不杀牛，大夫无故不杀羊，士无故不杀犬豕。"

[注4] 一千在南宋都城临安可买12斤半猪肉（每斤猪肉"八十钱"，参见本书《骨间微肉》）。

[注5]《汉书·卷五十二·田蚡传》："后房妇女以百数。诸奏珍物狗马玩好，不可胜数。"

猩猩之唇

年过半百，不太看电视，除了些纪录片。动物纪录片，猩猩不少，长臂钩树，晃来晃去，跃大自然于屏幕。一个近景，一张长脸，一双突唇。

古人居然吃猩唇！很是残忍。但我们不能太苛求，或许在古人眼里，吃个猩唇跟吃个鱼唇，没多大区别。我们吃鱼唇，茹素的觉着残忍。

《吕氏春秋·本味》："肉之美者：猩猩之唇、獾獾之炙、隽觿之翠、述荡之擎，旄象之约。"[注1]这些文字，是伊尹用谈论美食的方法说服商汤听从自己治国主张中的一小段。

《吕氏春秋》著于先秦，所谓先秦，指夏、商、周（西周东周，东周即春秋战国）三个朝代。《吕氏春秋》成书于秦始皇在战国末年统一中国前夕。

伊尹是夏末商初人（辅助商汤建立商朝），吕不韦乃战国末年人（辅佐统一中国前的秦始皇），两人隔了一千多年。吕不韦这个《吕氏春秋》的总编纂，居然把猩唇列为肉食美味之首。以吕不韦的为人，假伊尹之说、呈吕氏之口，恐怕更真实。显然，吃过猩唇的是吕不韦本人。

吕氏美之，后世尚焉。至宋，猩唇已列入"八珍"，南宋王楙《野客丛书》"八珍"条:"今俗言八珍之味,有猩猩唇、鲤鱼尾与夫熊掌之类。观李贺曲曰:'郎食鲤鱼尾,妾食猩猩唇。'其说旧矣。又观《吕氏春秋》,伊说曰:肉之美者,猩猩之唇。"文中所书,南宋八珍,首味是猩唇。王楙没吃过,只好在故纸堆里追根溯源。"伊说"指伊尹说服商汤。

一追追到吕氏这个老根。再追,史无其书。

"八珍"一源,在《周礼·天官·膳夫》"珍用八物",汉代郑玄考证后认为"周八珍"为淳熬、淳母、炮豚、炮牂、捣珍、渍、熬、肝膋(参见本书《色如琥珀》注2)。

"周八珍"里没猩唇的份!后世"八珍",其味各异。

我非常奇怪,吕不韦怎么能跳过周朝八百年("周武王,始诛纣。八百载,最长久"),再穿越六百年到商朝初年("汤伐夏,国号商。六百载,至纣亡"),而知"伊说"的"肉之美者,猩猩之唇"?

不过话说回来,仅凭《吕氏春秋·本味》一文,吕不韦对中国饮食文化有着很大贡献(1980年代,中国商业出版社出版了《中国烹饪古籍丛刊》36册,含《吕氏春秋本味篇》一书)!因此,后世之人才得闻许多先秦美味,但绝大多数对猩猩之唇,只听说、只想象。真吃过而能描述其味者,近绝矣!毕竟,猩猩生活在原始森林里。

唐朝李贺《大堤曲》"妾食猩猩唇",只是曲而已,非真食。晚生于李贺的文学家康骈《剧谈录》也提到过猩唇,说有个李使君因念旧恩，想宴请洛阳的豪贵子弟吃一顿，但感叹"若朱象髓、白猩唇恐不可致；止于精洁修办小筵，亦未难也"，于是"广求珍异，俾妻孥亲为调鼎"，招待规格非常高，广求珍异嘛！但红的象髓、白的猩唇，是珍异中的珍异，一个使君（地方官员），未必吃得到。

可见唐时猩唇之味已声名远播，一传流芳，至宋被列入"八珍"。因此，猩唇在中国饮食上的地位得以高高确立。

地位是确立了，可一唇难求啊！明朝谢肇淛《五杂组》："猩唇臡炙，象约驼峰，虽间有之，非常膳之品也。"猩唇当然不是常膳，常人别说吃，见也没见过。隔了一个朝代，清朝李斗《扬州画舫录》记载了"满汉席"，约有一百多道南北极馔，其一乃"米糟猩唇猪脑"，猩唇配猪脑，似乎味柔艳嫩。

"满汉席"乃盐商宴请乾隆的盛席，不上猩唇，是对皇帝不忠啊！李斗只书馔名，不呈其味，是对读者不义啊！

纪晓岚作为乾隆身边红人兼《四库全书》总纂官，跟着皇上有吃福，"八珍惟熊掌、鹿尾为常见"，居然说熊掌经常吃；"又有野驼，止一峰，脔之极肥美"，驼峰也曾一尝，味珍绝。晓岚又曰："猩唇则仅闻其名。乾隆乙未，闵抚军少仪馈余二枚，贮以锦函，似甚珍重。乃自额至颏全剥而腊之，口鼻眉目，一一宛然，如戏场面具，不仅两唇。庖人不能治，转赠他友。其庖人亦未识，又复别赠。不知转落谁氏，迄未晓其烹饪法也。"（《阅微草堂笔记》）

纪晓岚受人馈赠，得到个"不仅两唇"的腊全猩猩脸，这可真让纪晓岚为难。非但他为难，厨子也为难，不会烹饪啊！友情转送朋友，朋友也为难，朋友的厨子也为难。

　　于是就这么送来送去，"不知转落谁氏"。

　　吕氏知之，于地下恨！

[注1]汉·高诱注、清·毕沅疏《吕氏春秋新校正》。

熊白如玉

女儿六岁时，屁颠屁颠跟我去上海动物园玩。逛遍整个大园子，她最喜欢熊馆。熊憨态可掬，直立行走时，人模人样，还不时向游客招手。女儿让我抱伏围墙上，掏出自己小包包里的面包，一片片撕下，丢给大熊吃。

大熊一接一个准，有几片居然用嘴接食，看得女儿越发高兴，央我再买两个大面包。女儿不停丢，大熊不停接，一丢一接，人熊亲近。

人熊亲近，只因有了围墙。

古时候没有动物园也没有围墙，人熊亲近，结果必惨，相食而已。熊吃人，古今为之同叹：惨。人吃熊，今人为之一哀，古人不会。

在古人眼里，熊就是一野味，李渔《闲情偶寄》："野味之逊于家味者，以其不能尽肥；家味之逊于野味者，以其不能有香也。……野兽之可得者惟兔、獐、鹿、熊、虎诸兽，岁不数得，是野味之中又分难易。"

李渔是南方的民间人士，当然"岁不数得"。而在庙堂之人，得之颇易。康熙晚年曾对近身侍卫说："朕自幼至老，凡用鸟枪弓矢获虎一百三十五，熊二十，豹二十五，猞猁狲十，

麋鹿十四，狼九十六，野猪一百三十二，哨获之鹿凡数百，其余射获诸兽，不胜记矣。"（清陈康祺《郎潜纪闻》）

一生射熊二十，颇为壮哉！

但康熙比起他的女真先人完颜亮还是差了点，岳珂《桯史》："逆亮时有意南牧，校猎国中，一日而获熊三十六。"逆是叛逆的意思，亮指金朝第四位皇帝完颜亮，他"有意南牧"，想一统中原，没事就在自己的地盘上打猎兼练兵。

一日获熊三十六，堪为雄哉！

与岳珂同时代的周密，也曾记录过南宋时"北方大打围"的情景："获兽凡数十万，虎、狼、熊、罴、麋鹿、野马、豪猪、狐狸之类皆有之。"（《癸辛杂识》）数十万中，熊的数量大概还不止三十六个！

从这些笔记中，可简而推断：越古的时候熊越多。熊一多，自然要威胁人的生命，也自然被人所食。

古人食熊历史很早，《周礼·天官·膳夫》："庖人掌共六畜、六兽、六禽，辨其名物。"庖人指掌理膳馐的官员。郑玄引郑司农注曰"六兽，麋、鹿、熊、麕、野豕、兔"[注1]，郑司农指东汉初年经学家郑众，后世习称先郑（以别汉末大儒郑玄）。

郑玄本人并不认同熊为六兽之一，"玄谓兽人冬献狼，夏献麋。又《内则》无熊，则六兽当有狼，而熊不属"。郑玄考据整部《周礼》，有狼无熊；又考据整部《礼记》，亦有狼无熊。

郑玄是东汉末年人，郑司农是东汉初年人，两人所注是否确切，不得而知。但至少在东汉，熊已成为古人的盘中餐。

三国吴陆玑《毛诗草木鸟兽虫鱼疏》，是一部针对《诗经》中动植物进行注解的专著，陆玑疏《诗经·大雅·韩奕》"有熊有罴"曰："熊能攀缘上高树，见人则颠倒自投地而下。冬多入穴而蛰，始春而出。脂谓之熊白。罴有黄罴，有赤罴，大于熊。其脂如熊白而粗理，不如熊白美也。"罴（pí），即棕熊。"熊能"的"能"，不是能够的意思，《说文》释"能"曰："熊属，足似鹿。"

熊白一说，首出陆玑。南北朝药学家陶弘景进一步描述："熊脂即熊白，乃背上膏，色白如玉，味甚美。寒月则有，夏月则无。"（《本草经集注》）熊白乃熊背上的脂肪，凝膏如玉，腴美润齿！

世间美味，人所共羡，慕仰其名，追而食之。熊白被陶弘景这么一描述，引后世无数饕餮竞折腰。

唐朝贞元初，和州刺史穆宁的几个儿子仕途颇佳，官至尚书或给事不等。穆宁家法切峻，儿子虽为大官，见到老子却胆小，伺候甚殷。据唐李匡文《资暇集》记载，穆宁有个习惯，喜欢轮流到儿子家里吃饭，谓之"直馔"（轮值供馔）。一旦饭菜不如意，儿子则被吃杖。

小的们没办法，只好"探求珍异，罗于鼎俎之前，竞新其味"，以求老子欢欣。"一日，给事直馔，鼎前有熊白及鹿脩"，有一天论到给事当值，以熊白和鹿脩（鹿干）奉父。穆宁"以白裹脩"，入嘴尝之，果然"甚异常品"。

熊白凝腴，鹿脩韧绵。凝韧互承，腴绵相济，滋味殊常。

给事和几个兄弟以为父亲这下会满意，"非唯免笞，兼当受赏"，谁知道穆宁一声大喝："谁直？可与杖俱来。"给事很纳闷，孝敬得好好的，怎么又要吃杖？

穆宁把儿子叫到自己跟前，曰："有此味，奚进之晚耶？"

[注1] 汉·郑玄注、唐·贾公彦疏《周礼注疏》"庖人掌共六畜、六兽、六禽，辨其名物"，郑玄注："郑司农云：'六兽，麋、鹿、熊、麕、野豕、兔。'玄谓兽人冬献狼，夏献麋。又《内则》无熊，则六兽当有狼，而熊不属。"

旄象之约

旄牛能吃，大象能不能吃？当然不能，吃了犯法。吃大象要被关进笼子的。

今人不能吃，古人能吃，古代又没有野生动物保护法；今人不知象味，古人知。古人偶然见到庞大的象，出于本能的恐惧杀死它。杀了后，又尝试着去吃。剥去大象的粗皮，试试哪些部位能吃。吃着吃着，嚼着嚼着，还真嚼出了点滋味，甚至是美味。

《吕氏春秋·本味》记载的"肉之美者"，有猩猩之唇、旄象之约。猩唇入选八珍（参见本书《猩猩之唇》），"旄象之约"位列其后，可想而知其肉之美。美是美味之意，古人盛赞某馔，往往一"美"而概，犹如曼妙女子，美！

旄象指旄牛和大象。《吕氏春秋》毕竟成书太早（战国末年），旄象之"约"引后人注疏不"定"。汉高诱注、清毕沅疏《吕氏春秋新校正》："一曰'约'，美也。旄象之肉美，贵异味也。案：《玉篇》云'短尾也'。今时牛尾、鹿尾皆为珍品，但象尾不可知耳。"案语前是汉朝高诱的注文，案语后是清朝毕沅的疏解（对古书的正文和旧注作进一步解释，有疏通之意）。

高诱注"约"：旄象之肉美；毕沅疏"约"：短尾也。

《吕氏春秋·本味》："肉之美者：猩猩之唇、貛貛之炙、隽觾之翠、述荡之掔、旄象之约。"唇、炙［注1］、翠（尾肉）、掔［注2］、约，或唇或跖或尾或腕，均是禽兽的某个部位。

故"约"不可能诂而为"美"，训成"短尾"似有道理，但从古至今，只听说鹿尾为珍、牛尾为常，象尾则闻所未闻。"牛尾、鹿尾皆为珍品"，毕沅显然非知味者。有汉以来，注释《吕氏春秋》的都是高人，但高人并非完人。《本味》篇仅仅是《吕氏春秋》这部鸿篇巨制的很小一段文字，描述的又是上古饮食，故后人能知其"味"者，疏矣！

今注高人，并推王利器及陈奇猷两位先生。王利器《吕氏春秋注疏》："器案：牛尾至今犹为佳肴。"王先生显然认可"象约"为象尾，但文前却引"梁玉绳曰：象尾不闻与牛尾并称珍味"，颇为前矛而后盾！

陈奇猷《吕氏春秋校释》："奇猷案：约即腰也。……《吕氏春秋记载的几种美味肉食》有详论，可参阅。"陈先生的解释，吓我一大跳，象腰得有多粗，怎么吃啊！是腰背呢还是腰腹？

特意去上海图书馆，寻到先生"美味肉食"一文："约即腰子。旄象的腰子是美味的菜肴，古人很喜爱吃，是菜肴的上品。……现在用猪腰炒腰花，人所共赏，用旄象的腰子做原料当然别具风味。"（《晚翠园论学杂著》之"《吕氏春秋》记载的美味肉食"）原来是腰子，不禁使我大松一口气。

气下心头，疑上眉头！晚生不禁颇有疑问：腰和腰子能是一回事吗？从古到今，别说吃大象腰子，它长什么样都没人记载描绘过。

疑非不敬，两位先生的注释还得细细研读，以探其究。深读慢校，始发觉两位先生引用前人的注，大体一致，"象约"为四：象尾（清朝毕沅）、象鼻（清朝梁玉绳）、象白（清朝洪颐煊）、象笴（民国章炳麟）。笴：通"肶"。有的版本竟然注为"象筋"，显然是错"笴"为"筋"。

象尾之说已排除，剩下者三：象鼻、象白、象笴。

象鼻之说，出自清朝梁玉绳引《五杂组》。明朝谢肇淛《五杂组》确有记载："象体具百兽之肉，惟鼻是其本肉，以为炙，肥脆甘美。《吕氏春秋》曰：'肉之美者，有髦象之约焉。'约即鼻也。"旄象亦作髦象。谢肇淛认为象约即象鼻。谢氏的整段文字，多引唐人所记。

"惟鼻是其本肉"出自唐朝药学家陈藏器《本草拾遗》（今佚），李时珍《本草纲目》："【集解】陈藏器云：象具十二生肖肉，各有分段，惟鼻是其本肉。"十二生肖肉，喻百兽之肉。

"以为炙，肥脆甘美"出自《北户录》或《岭表录异》。段公路《北户录》："广之属城循州、雷州皆产黑象，牙小而红，堪为笏裁……土人捕之，争食其鼻，云肥脆，偏堪为炙。"刘恂《岭表录异》："广之属郡潮、循州多野象，牙小而红，最堪作笏。潮、循人或捕得象，争食其鼻，云肥脆，尤堪作炙。"

段氏、刘氏差不多为同时代人。两人所记，几类一致。

今云广东人什么都吃，看来所言不虚，习以成俗嘛！象鼻居然肥脆，还尤其适合（尤堪）烧烤。

让我闭起眼睛，想象一个古人（广东人请勿对号入座）抱着一根又长又粗的大象鼻，边烤边啃边说：哇，好肥脆！

南宋周去非《岭外代答》"象"条记载："钦州境内亦有之。……象能害人，群象虽多不足畏，惟可畏者，独象也。不容于群，故独行无畏，遇人必肆其毒，以鼻卷人掷杀，则以足蹋人，血透肌而以鼻吸饮人血。人杀一象，众饱其肉，惟鼻肉最美，烂而纳诸糟邱，片腐之，食物之一隽也。"钦州指广西。

前面描写大象以鼻杀人、吸饮人血，后面叙述人杀大象、饱食其肉，大家吃下来觉得大象的鼻子最好吃。大象鼻又长又粗，一时吃不了，把肉捣烂了去糟食，没想到，"隽也"，味道极佳！《本草纲目》："【集解】陈藏器云：惟鼻是其本肉，炙食，糟食更美。"陈藏器坦言象鼻才是能吃的肉，可炙食，糟食更美。

看得我是真馋，恨不得能马上啃食糟象鼻。可一想到后半生要吃牢饭，只好把馋水咽回肚！

象有长鼻，庬亦有之？引出"象鼻之说"的梁玉绳又曰："然则庬亦以鼻为美乎？"

象鼻之说亦可排除！

象白之说，出自清朝洪颐煊："约当为白，声之误也。《文选》张景阳《七命》'髦残象白',《诗·韩奕正义》引陆玑疏'熊脂谓之熊白',则旄象之脂皆可谓之白也。"南北朝时期的药学家陶弘景《本草经集注》:"熊脂即熊白,乃背上膏,色白如玉,味甚美。寒月则有,夏月则无。"（参见本书《熊白如玉》）

清朝吴炽昌曾亲赴一位洪姓盐商巨贾的高规格盛宴,"馔则客各一器,常供之雪燕冰参以外,驼峰、鹿鬐、熊蹯、象白,珍错毕陈"（《客窗闲话》）。非常可惜,吴炽昌没有描绘象白到底是什么味!

象筋之说,出自章炳麟（即章太炎）:"约当借为筋。《玉篇》云:'筋,腹下肉也。'旄象之筋犹肥牛之腴耳。"[注3]章太炎认为"象筋"乃象的腹下肉,犹如肥牛之腴。我简而归纳,称之曰:大象的"腹腴"!

南宋周密《齐东野语》"腹腴"条:"《前汉》:'九州膏腴。'师古注云:腹下肥白曰腴。"

"腹下肥白曰腴",凸显三个字:腹、白、腴。

"腹"字让我猛然想起前文"奇獸案:约即腰也",陈奇獸并引《释名·释形体》"要,约也,在体中约结而小也。'要'即今'腰'字"。腰是身体胯上胁下的中部,我以为腰乃一圈围之（腰围）,包括腰背和腰腹,即"前腹后腰"。

腰,腹也!白,脂也!腴,肥也!

象腰、象白、象筋,集中到象的一个部位:腹腴,即"腹下肥白之腴"。颜师古"腹下肥白曰腴",我这样翻译您一定能明白:腰腹下肥如熊白的脂肪肉叫腹腴。

熊白是背上脂膏,象约乃腹下腴膏。

象约,定是腴润凝口,以膏馋吻!

[注1]陈奇猷《吕氏春秋新校释》:"王念孙曰:炙读为'鸡跖'之跖。奇猷案:炙、跖通。《说文》'跖,足下也',段玉裁云:'今所谓脚掌也。'貛是狼的一种。貛脚掌为美味食品,亦犹熊掌耳。猩猩之唇与貛貛之跖为美味肉食,余有《吕氏春秋记载的几种美味肉食》一文详论之。"新林案:予以为鸡跖乃鸡爪掌心上突出的一点点肉,而非脚掌。

[注2]《康熙字典》释"擘"(wàn):"或作腕。"陈奇猷《吕氏春秋新校释》:"谭戒甫曰:又《说文》'擘,手擘也',或作腕。奇猷案:擘,今谓之脚圈。猪脚圈为美味之食品,述荡之脚圈当亦是美肴。"

[注3]《玉篇·卷七·筋部第八十二》:"筋,或作肕。"《玉篇·卷七·肉部第八十一》:"肕,亦作筋,腹下肉也。"肕,音 bó。新林案:今本《玉篇》,特指北宋《大广益会玉篇》。

虎肉豹胎

人大约一见到虎豹豺狼，没有不害怕的，吃了豹子胆的武松除外。俗语"吃了豹子胆"意谓胆大包天，出处却是"吃了老虎胆"，唐朝张𬸦《朝野佥载》："贞观中，冀州武强县丞尧君卿失马。既得贼，枷禁未决，君卿指贼面而骂曰：'老贼吃虎胆来，敢偷我物！'贼举枷击之，应时脑碎而死。"

尧君卿骂斥一声贼，被贼举枷一击死。我看这贼不是"吃了老虎胆"，而是"吃了豹子胆"，估计豹子的胆比老虎的胆大，才有此俗语。北宋药学家寇宗奭《本草衍义》"豹肉"条："此兽猛捷过虎，故能安五脏，补绝伤，轻身。"豹子迅猛敏捷，胆大妄为，老虎不及。

寇宗奭没说豹肉味道如何，却说虎肉"微咸"（"虎骨"条），我想大概盐放多了。李时珍《本草纲目》"虎"条："〔时珍曰〕虎肉作土气，味不甚佳。盐食稍可。"盐食稍可，意思是虎肉加点盐会减少土腥气而使味道过得去。所以我说《本草衍义》的虎肉盐放多了一点没错！

煮虎肉要多放点盐。元朝无名氏《居家必用事类全集》"煮诸般肉法"云："虎肉、獾肉土内埋一宿，盐腌半日。下冷水煮半熟，换水，加葱、椒、酒、盐煮熟。"土埋一宿，盐腌半日，以去其腥。

至于豹子肉，唐朝药学家苏恭《新修本草》称其"味酸"。

看来豹子、老虎肉都不美味！既然不美，吃它干吗？图个奇、尝个鲜而已，李渔《闲情偶寄》"野兽"条："野味之逊于家味者，以其不能尽肥；家味之逊于野味者，以其不能有香也。……野兽之可得者惟兔，獐、鹿、熊、虎诸兽，岁不数得，是野味之中又分难易。"李渔对野味的描述，一个"香"字近乎完美，可虎味腥而不香，故他闭口不谈。李渔是大食家，"于饮食之美，无一物不能言之"，独独对老虎肉，不言之！

现代社会，野生虎豹的啸吼在森林里几近绝响！古代不一样，虎豹多得很。清朝大臣宋荦《筠廊偶笔》记载他性喜射猎，曾"率健卒出猎，一日得三虎"，后又"连捕十余虎，黄州之害几除"。可见清朝时候老虎不少。在古代杀虎是为民除害，武松乃打虎英雄。

明朝的老虎也不少，余继登《典故纪闻》："句容有虎为民害者，太祖遣人捕获之，令养于民间，饲以犬。宋思颜以为扰民无益，太祖欣然，即命取二虎一熊杀之，分其肉赐百官。"老虎既为祸害，太祖令而杀之。二虎一熊，肉颇为多，于是百官得赐。拿回家一吃，味道不怎么样！

周密曾记录过南宋时"北方大打围"的情景："获兽凡数十万，虎、狼、熊、罴、麋鹿、野马、豪猪、狐狸之类皆有之。"

（《癸辛杂识》）数十万中，恐怕老虎的数量不会少。北方虎多，那南方呢？周密《癸辛杂识》"近岁平江虎丘有虎十余据之"，虎丘如今在苏州市内，宋时也非荒野之僻，居然有十余只老虎，想想也吓人。

非但吓人，还要吃人。老虎吃人居然有讲究："食男子必自势起，妇人必自乳起，独不食妇人之阴。"乳、阴不必解释。《康熙字典》："外肾为势。"《本草纲目》："人势【释名】阴茎。"外肾即阴茎。我册那，要不是周密乃南宋大学者、大食家，打死我也不会相信老虎居然如此阴毒！

势为外肾，加个"然"字意味更深。明朝谢肇淛《五杂组》："海参，辽东海滨有之，一名海男子。其状如男子势然。"要是没有前言，我必不明白"势然"之意。海参嘛，又粗又大，软中带硬。您明白"势然"的意思了吗？

老虎身上最珍贵的，并非肉，而是骨。我国大约在1990年代中期禁止虎骨酒买卖，偏偏禁销之前，乐队老兄弟送我一瓶，临走郑重嘱咐：只能喝一小口，否则势起不萎然！

想到老兄弟的嘱咐，就没敢喝。也是巧，一个月后心爱的女孩来到我小屋，想起那瓶虎骨酒，背着女孩偷喝两小口。他奶奶的，过了半小时后，居然：势不起。

伤心已成往事，往事而成云烟！

成云烟的是往事，呈纸上的是历史。战国《韩非子·喻老》："昔者纣为象箸而箕子怖，以为象箸必不加于土铏，必将犀玉之杯。象箸玉杯必不羹菽藿，必旄象豹胎。"大意是：纣王用象牙筷，引起叔父箕子惧怕：用了象牙筷后，必然用玉杯；玉杯里不再盛豆叶之羹而盛旄象（参见本书《旄象之约》）、豹胎这样的珍馐。

豹胎在后世列为八珍。明朝张岱《夜航船》释"八珍"为"龙肝、凤髓、豹胎、猩唇、鲤尾、鸮炙、熊掌、驼峰"。

可豹子毕竟迅猛敏捷，不易捕捉。《扬州画舫录》记载的"满汉席"约有一百多道南北极馔，第一分头号五簋碗十件：有燕窝、海参、鲍鱼、鱼翅等；第二分二号五簋碗十件："鲫鱼舌汇熊掌、米糟猩唇猪脑、假豹胎、蒸驼峰、梨片伴蒸果子狸、蒸鹿尾、野鸡片汤、风猪片子、风羊片子、兔脯、奶房签、一品级汤饭碗。"五簋碗十，其一是仿冒品：假豹胎。"满汉席"乃盐商请宴乾隆的盛席，居然上"假豹胎"。盐商也不怕皇上怪罪！

我突然想起三十年前的那瓶虎骨酒。

第三辑　水产海鲜

龙虾

巨者重七八斤，头大径尺，状如龙，采色鲜耀，有两大须如指，长三四尺。其肉味甜，稍粗于常虾。

——［清］屈大均《广东新语》

贵虾姓龙

龙是中国人的图腾。龙虾其名，傲冠天下！

龙虾在如今的宴席上，往往坐镇压轴大菜。大菜要大，龙虾自然越大越好，价钱也大。大龙虾上席，主人有面子，客人享尊味。宴桌中间搁一转盘，压轴大菜往往放转盘中间。龙虾身躯通红而弯曲，两须尖长而威武，一上宴桌，气势就把其他菜给镇下去了。

两须虽威武，可无论转到谁的眼前，总感觉不怎么舒服！

熟烹的不靠谱，我吃过几回芝士焗龙虾，感觉肉不"活"。龙虾生吃最得本味，不活的店家不敢上桌啊！李时珍说："其肉可为鲙，甚美。"所谓鲙，生鱼片也。整部《本草纲目》，并无"龙虾"两字，凭什么说这是龙虾肉？

别急，且听我慢慢道来！

《本草纲目》"海虾"条，引唐朝段公路《北户录》云"海中大红虾长二尺余，头可作杯，须可作簪、杖"，还加了句"其肉可为鲙，甚美"。《北户录》突出红虾的大尺寸，头可作杯子、须可作发簪，甚至可作手杖。

作手杖太夸张了！《北户录》原文："红虾出潮州、番州、南巴县。大者长二尺。……《洞冥记》载虾须杖。"《洞冥记》

又名《汉武帝别国洞冥记》，汉朝郭宪著。段公路也在"引"，《洞冥记》原文"有丹虾，长十丈，须长八尺……马丹尝折虾须为杖"，丹即红也。

历代笔记，又称为历代笔记小说。唐宋以前，极富想象，颇为志怪，很多夸张。唐宋以后，着重记实。大红虾的硬须可作发簪，说明其长而硬。虾都有须，证明不了大红虾就是大龙虾！

我看历代笔记，看一本是一本，书里有精彩写食，就归而纳记。笔记与笔记之间，从汉到清，也无关联（《本草纲目》原则上不属于笔记，但药食同源，故饮食描绘多而精彩）。

后朝的笔记往往会引用前朝的。一引用，某些吃食就有了关联。我看历代笔记，只挑食文。本来把大红虾归纳在海虾的"巨虾类"。五年来看校了三百多本历代笔记，直到 2018 年底，才在一本书里找到"龙虾"两字。

明朝王世懋《闽部疏》记载："最奇者龙虾，置盘中犹蠕动，长可一尺许。其须四缭，长半其身，目睛凸出，上隐起二角，负介昂藏，体似小龙，尾后吐红子，色夺榴花，真奇种也。"身约一尺，长须半尺，目睛凸出，微突两角，体似小龙。

真是描绘得精彩，真是惊喜万分！终于在古人笔记里看到了龙虾的记录。

而晚于王世懋，明朝的海洋动物学家屠本畯在《闽中海错疏》曰："虾魁，《岭表录异》云：'前两脚大如人指，长尺余，上有芒刺铦硬，手不可触。脑壳微有错，身弯环亦长尺余。'熟之鲜红色，一名虾杯，俗呼龙虾。"屠本畯在书里引用唐人刘恂笔记《岭表录异》。

《岭表录异》我两年前就看过啊！寻"巨虾类"，赫然在册："海虾，皮壳嫩红色，就中脑壳与前双脚有钳者，其色如朱。余尝登海舠，入舵楼。忽见窗版悬二巨虾壳，头、尾、钳、足俱全，各七八尺，首占其一分。嘴尖利如锋刃，嘴上有须如红筋，各长二三尺。前双脚有钳（原注：云以此捉食），钳粗如人大指，长三尺余，上有芒刺如蔷薇枝，赤而铦硬，手不可触。脑壳烘透，弯环尺余，何止于杯盂也。"

刘恂猛然在海船上看到二只巨虾，吓一大跳。边惊吓边记录，从文中"二巨虾壳，头、尾、钳、足俱全，各七八尺""须如红筋，各长二三尺""钳粗如人大指，长三尺余""脑壳烘透，弯环尺余"，可以想见二只龙虾之巨大。

刘恂当时或惊吓过度，尺寸略有夸大。屠本畯改"钳粗如人大指，长三尺余"为"前两脚大如人指，长尺余"，比较靠谱。虽然尺寸夸大，但这是中国历史上对龙虾形状最早、最真实的描写。美国人记录的最大龙虾长约一米（三尺）、重二十公斤、寿命五十岁以上。

可见古人很早就见识过龙虾了，但这虾异于常虾，又太大太吓人，故谁也没胆量吃。直到明朝，李时珍"鲙之"，觉"甚美"；屠本畯又曰"虾，其种不一，而肉味同，诸虾以虾魁为第一",不吃过怎么能说"肉味第一"呢?

李时珍是医药家,屠本畯为中国最早的海洋动物学家,他对龙虾明确定义:龙虾即虾魁,一名虾杯。"虾杯"两字,可证《北户录》"红虾……头可作杯";而"虾魁"两字,又让我在"巨虾类"寻出宋人的笔记,南宋梁克家《淳熙三山志》:"虾有数种。……其大者为虾魁,头壳攒刺,可为杯,亦名虾杯,须长一二尺,大如指,上有细芒,肉雪白,出福清。"肉雪白,多美!

味道如何?梁克家没说。清初屈大均《广东新语》:"龙虾,巨者重七八斤,头大径尺,状如龙,采色鲜耀,有两大须如指,长三四尺。其肉味甜,稍粗于常虾。"屈氏品之,"其肉味甜"。文中最后引"昌黎诗:又尝疑龙虾,果谁雄牙须"(《别赵子》)[注1],昌黎指韩愈。原来早在唐朝,就有"龙虾"之称。从诗句中看,韩愈似乎也没吃过。

清初周亮工《闽小记》:"相传闽中龙虾,大者重二十余斤,须三尺余,可作杖,海上人习见之。予在会城曾未一睹,后至漳,见极大者亦不过三斤而止,头目寔作龙形,见之敬畏,戒不敢食。"周亮工所述"相传",引自明朝谢肇淛《五杂组》"龙虾大者重二十余斤,须三尺余,可为杖。……此皆海滨人习见,不足为异也"。

周亮工所见龙虾,"极大者亦不过三斤",好像太小其大;"头目寔作龙形",似乎述真其形[寔(shí)乃确实之意]。龙是中国的图腾，当然要"敬畏"，所以"不敢食"。非常有趣的是，周亮工又说在朋友的家宴"误食之，味如蟹螯中肉，鲜美逾常，遂不能复禁矣"。误食之，恐怕是文人虚伪托词！

鲜美逾常，还管它姓"龙"？

[注1]《全唐诗·卷三百四十一·别赵子》题注："赵子名德，潮州人。愈刺潮，德摄海阳尉，督州学生徒。愈移袁州，欲与俱，不可。诗以别之。"新林案：《新唐书·列传第一百一·韩愈传》记载，韩愈上表"谏迎佛骨"，触怒唐宪宗，差点丧命，"贬潮州刺史"，故《别赵子》题注"愈刺潮"。

炝虾活跳

老上海人谈起炝虾，眉飞色舞，比吃的时候还起劲！

梁实秋先生是北人，自称"炝活虾，我无福享受"，但写起来，其笔生翼："虾要吃活的，有人还喜活吃。西湖楼外楼的'炝活虾'，是在湖中用竹篓养着的，临时取出，欢蹦乱跳，剪去其须吻足尾，放在盘中，用碗盖之。食客微启碗沿，以箸挟取之，在旁边的小碗酱油麻油醋里一蘸，送到嘴边用上下牙齿一咬，像嗑瓜子一般，吮而食之。吃过把虾壳吐出，犹咕咕嚷嚷的在动。有时候嫌其过分活跃，在盘里泼进半杯烧酒，虾乃颓然醉倒。"

不得不叹，梁先生写食文，如入化境，自虽未吃，居然描绘得活灵活现。炝虾我吃过，写不出如此境界。古人有比肩而过之者，此人叫刘恂，其书乃《岭表录异》。所谓"过之"，意尊古也！

其全文曰："南人多买虾之细者，生切绰菜兰香蓼等，用浓酱醋先泼活虾，盖以生菜，以热釜覆其上；就口跑出，亦有跳出醋碟者，谓之虾生。鄙俚重之，以为异馔也。"刘恂说的也是"南人"，似乎"南人"比较野蛮，至少在吃的时候。

两篇高文，比较之：共同点都用活的湖里小虾（海里的出水即死）；都要先"炝"（后者曰"泼"）；都要"碗盖之"（后者"以热釜覆其上"），否则虾要跳出来（前者说"过分活跃"，后者曰"就口跑出"）；前者说"炝活虾"，后者曰"虾生"。

不同点在：梁先生说"酱油麻油醋里一蘸"，刘恂先生曰"用浓酱醋先泼活虾"。前者"酱油麻油醋"是蘸料，后者"浓酱醋"是炝料。唐朝的炝虾更加考究，先用"浓酱醋"泼炝活虾，再撒上切碎的"葎菜兰香蓼等"调料，最后覆上热的釜盖。

"葎菜兰香蓼"，究竟是哪几种调料？这个得问梁实秋先生的冤家对头鲁迅先生。我年少时的语文课本里，鲁迅文章不少。文字只记得"人血馒头"和"茴香豆"；文章倒记得一篇《"丧家的"资本家的乏走狗》，内容忘了，被骂的人我记得：梁实秋。

时间慢逝，三十年过后，我从梁实秋先生的《雅舍谈吃》里，寻到了美食，寻到了故事，也寻到了文字。寻着寻着，想去寻更古远的美食和故事。历代笔记无疑是最"解馋"的书，许多笔记的作者，均乃大家。古代的大家可了不得，上知天文，下知地理，还懂吃会写。

唐朝的刘恂乃其一，所著《岭表录异》在历代笔记中占据重要地位。起先我依照《岭表录异校补》（广西民族出版社1988年版）校对文字，发觉错误蛮多，有些句法甚不通顺。

不得已，从一个古书网站，花高价买来广东人民出版社

1983年版的《岭表录异》，封面上赫然印有"鲁迅校勘"。此书虽然很薄，但真实记录了唐朝岭南地方以广东为主的珍奇草、木、鱼、虫、鸟、兽。

子曰："多识于鸟兽草木之名。"说句实在话，我对鸟兽草木之名不甚感兴趣，我对古人如何吃、如何写这些东西颇有兴致！比如《岭表录异》"鲳鱼"条，"肉白如凝脂"；"黄膏蟹"条，"壳内有膏如黄酥"；"石矩"条，"入盐，干烧食，极美"；"乌贼鱼"条，"以姜醋食之，极脆美"；"鹧鸪"条，"此鸟肉白而脆，远胜鸡雉"。

刘恂之笔，描写俊逸，诱惑馋人。校对后发觉，鲁迅先生的文字校勘功底极高！连句读都非常讲究，许多文字还有"案"（或作"按"，作者或校勘者加按语，通俗点说就是注释）。唯独"葷菜兰香蓼"无句读、没加"案"。那么"葷菜兰香蓼"到底是几种调料、什么调料？古人为何要加在"虾生"里呢？

从断句上看，"葷菜"毫无疑问是一种菜；"兰香"是罗勒的别名（参见本书《外来香料》），北宋高承《事物纪原》"兰香"条："本名罗勒，后赵石勒以罗勒犯己名，改为兰香。"罗勒是一种辛香的调味料，元朝忽思慧《饮膳正要》："味辛。与诸菜同食，气味香，辟腥。"又曰"蓼子"："味辛，温，无毒。"蓼子即蓼实。蓼实是一种微辛的调味料，其味久远，《礼记·内则》："豚，春用韭，秋用蓼。"

如此可断句"徟菜兰香蓼"为"徟菜、兰香、蓼"。

那么"徟菜"到底是什么菜（调料）？我查《康熙字典》："徟：《集韵》同趏。"趏意走远，与菜没关系。

《本草纲目》有"蒫菜"条："【释名】蒫菜、辣米菜。〔时珍曰〕蒫味辛辣，如火焊人，故名。亦作蒫。《陈藏器本草》有蒫菜，云辛菜也，南人食之。不著形状。今考《唐韵》《玉篇》并无蒫字，止有蒫字，云辛菜也。则蒫乃蒫字之讹尔。【集解】〔时珍曰〕味极辛辣，呼为辣米菜。"

刘衡如先生校注《本草纲目》："案：无'蒫'字，大观、政和《陈藏器本草》卷八狺菜条俱作'徟'。"所谓"大观、政和"即不同版本，如我校对的广东人民出版社"本"和广西民族出版社"本"。

如此分析，可以肯定狺误为徟，即蒫菜，辛菜也。蒫菜的辛辣，与罗勒的辛香、蓼实的辛清，被热釜幽焖，慢慢渗入了炝虾的滋味里！

蒫菜是辛辣的，如鲁迅先生。予寻徟菜，寻着寻着，无意而"考"。考，有考据的意思，也带着点考问。但愿予之考，别考出冤假错案来。也别把鲁迅考毛了，他可是连梁实秋都要骂的。

我算老儿，怕怕！

蟹酿堪醉

秋风一吹，人嘴馋蟹，特别是江南人。江南风物，以蟹为最，知味者食之，能品出蟹的每一妙独趣。予非知味者，但馋，馋蟹螯、蟹黄、蟹膏。蟹螯，是蟹之灵，螯肉紧韧，*丝丝*入味。蟹黄，是蟹之魂，润牙粘齿，以黄馋吻。蟹膏，是蟹之精，膏凝如玉，腴唇凝齿。

其中尤以蟹黄为上，古有刘承勋嗜蟹，"但取圆壳而已"（陶穀《清异录》）。懂经［注1］，只吃壳，壳里盈润满满的蟹黄。蟹膏蟹黄，李渔一笔而韵"甘而腻，白似玉而黄似金"（《闲情偶寄》），蟹膏似玉，蟹黄似金，惹眼馋心。内子喜食蟹，刚蒸出的蟹很烫，我皮厚，代其剥。一掀其壳，"膏腻堆积，如玉脂珀屑，团结不散"（张岱《陶庵梦忆》），内子双眼，立刻放光，直射蟹壳。

但有一款蟹之妙品，内子坚决不吃。予只好独食。

醉蟹，风物中的风物，风味中的风味。这种风物，是时间的转换，而成别样的风物；这种风味，是时间的酝酿，而成殊美的风味。

醉蟹的雏形是古老的盐腌，北魏贾思勰《齐民要术》"藏蟹法"有详细记载。予简述其法："九月内，取母蟹"，在水中浸一宿。次日在冷糖水浸一宿。后日"煮蓼汤，和白盐，特须极咸"，待冷却后，"取糖中蟹内着盐蓼汁中，便死"。刚喝了点糖水，便咸死。最后"泥封，二十日"等，"便成矣"。

贾思勰的"盐腌蟹"，感觉迭只赤佬就是只枪毙鬼[注2]：吃顿好饭，睡个好觉，奔赴刑场，一枪了之，骨灰埋土。

最为可怜，押赴刑场的都是"女枪毙鬼"：九雌十雄。元朝《居家必用事类全集》"酒蟹"条，"于九月间，拣肥壮者十斤"；清朝《调鼎集》"醉蟹"条，"取团脐蟹十斤"，团脐即雌蟹。

清朝的蟹痴李渔，秋风一过，冬天将临，蟹踪将无，为之奈何？蟹痴到底是蟹痴，"虑其易尽而难继，又命家人涤瓮酿酒，以备糟之醉之之用。糟名'蟹糟'，酒名'蟹酿'"。李渔为之醉的"蟹酿"，就是醉蟹。

醉蟹，据予考证，当出自北宋，时名酒蟹。《东京梦华录》"饮食果子"条有"姜虾、酒蟹"，欧阳修《归田录》："淮南人藏盐酒蟹，凡一器数十蟹，以皂荚半挺置其中，则可藏经岁不沙。"欧阳修说的可是"盐酒蟹"，据何考证？李渔《闲情偶寄》："瓮中取醉蟹，最忌用灯，灯光一照，则满瓮俱沙。"

就据"沙"字考证，醉蟹一"沙"，黄与肉，神形具散，失去柔味和韵趣。

醉蟹大名，来自宋朝一位民间女士：浦江吴氏。《吴氏中馈录》"醉蟹"条："香油入酱油内，亦可久留，不砂。糟、醋、酒、酱各一碗，蟹多，加盐一碟。又法：用酒七碗、醋三碗、盐二碗，醉蟹亦妙。"不砂即"不沙"。女人于馔饮，有异禀者，聪慧不输男人。

前几日，闲来无事，用姆妈传下的方法，做醉蟹一试。方法略写（《调鼎集》有醉蟹七法）。五天后，从冰箱里取出这只浸泡在黄酒、白酱油、花椒、姜片等卤水中的醉蟹，细闻之，有酒香味而无蟹腥味（蒸蟹蟹味浓而微有蟹腥）。细观之，如刚买来的蟹，只是不再张牙舞爪；颜色暗淡，不似新鲜活蟹，幽黑润亮。

掀开壳，讶之！壳中的黄成两色，一黄一黑。黄的腴润似流，黑的凝结腻幽。内子喜好的活蒸蟹壳，壳中的黄亦两色：一种红黄，一种嫩黄，前者硬，后者软。我估摸都与母蟹卵巢有关，只是成熟与否而已。反正估摸错了也没人找茬，我又不是蟹类专家！

醉蟹壳内，黄的是何黄？蒸蟹之嫩黄也；黑的是何黑？蒸蟹之红黄也。风物的转换，在蟹黄上近乎于极致！红色竟然变成了黑色，红与黑，"你侬我侬，忒煞情多"，在时间的慢逝中，风物的转换，成为风味的殊徙。

五天的殊徙，成就了这段风味的特殊旅程。醉蟹之嫩"黄"，宜唭嘬之（嘴巴凑近亲吻吮吸），入嘴抿之，嫩鲜；醉蟹之黑"黄"，宜用筷子挑之，入齿轻触，凝鲜。"两黄"无丝毫蟹腥，唯有一字，鲜；要不再加一字，极！

醉蟹卤里，一粒味精都没放。《齐民要术》"盐蟹"、《归田录》"盐酒蟹"、《居家必用事类全集》"酒蟹"、《调鼎集》"醉蟹"，也没见他们放味精嘛！

品尝过黄，于是悠悠然吃螯食足。醉蟹的螯足，其硬度堪与生蟹相比，牙齿不怎么好的，鲜蟹可齿，醉蟹万不可齿，太硬！用剪刀吧，蟹足分三段，第一段肉最多，刀剪两头小截，用第三段最小末蟹足戳之。

风味的殊徒，再一次显示其独特的神奇！戳出来的醉蟹足，竟然色如玉、软如冻，入嘴抿之，软鲜。肉近乎于烂，仿佛在吮味很鲜的果冻。醉蟹最奇之处，是化肉、黄于无形，似乎只是在尝鲜、品鲜。

一酒蟹酿，堪醉！

[注1] 沪语"懂经"，指老到、懂行，深知其妙。

[注2] 沪语"迭只赤佬"，这个家伙。"赤佬"可褒可贬；"枪毙鬼"泛指闯祸胚，特指死刑犯，鬼读若"句"。

小醉螃蜞

　　醉螃蜞我小时候常吃，是因为穷。螃蜞不值钱。据清朝陈其元《庸闲斋笔记》记载："南汇海滨广斥，乡民围圩作田，收获频丰。以近海故，螃蜞极多，时出啮稼。其居民每畜鸭以食螃蜞，鸭既肥，而稻不害，诚两得其术也。"清朝南汇的螃蜞，贱到用来喂鸭子。

　　我十来岁时，吃螃蜞出事了。印象中是 1970 年代末。那时"文革"已结束，人心涌动，大事只记得知青在外滩"造反"要求回沪；小事就是我们一家吃醉螃蜞，上吐下泻，全部住进了医院。

　　吃几个醉螃蜞，能把全家吃到医院里去？是的，不仅仅我们家，整个弄堂，当天所有吃醉螃蜞的家庭都遭殃。此事惊动公安，最后得出结论：醉螃蜞没腌透。不得不说，法医很厉害，螃蜞醉没醉透都研究！

　　1970 年代后期，整个社会萌发出改革开放的嫩芽。于是乎，有了走街串巷卖售各种吃食的，醉螃蜞价廉物美，既能过粥，又能下酒。螃蜞虽小，抿而咂之，亦甚有味，颇得我辈贫民的欢心。

　　螃蜞蒸食没味，且易使肠胃受损。《世说新语》："蔡司徒渡江，见彭蜞，大喜曰：'蟹有八足，加以二螯。'令烹之。既食，吐下委顿，方知非蟹。"螃蜞并非不是蟹，只是小蟹，又称彭蜞、蟛蜞、蟚蜞。

蔡司徒即蔡谟，后来碰到谢尚，说起此事，谢曰："卿读《尔雅》不熟，几为《劝学》死。"《尔雅》是辞书之祖，《荀子·劝学》篇有"蟹六跪而二螯"之句 [注1]。谢尚才智超群，既通《尔雅》，又熟《劝学》，更懂卖弄！

不过《尔雅》并无螃蜞，《释鱼》篇云："蜌螱，小者蟧。"晋郭璞注："或曰即彭蜞也，似蟹而小。"宋邢昺疏："蜌，即彭蜞也。似蟹而小，一名螱。其小者别名蟧。"（《尔雅注疏》，参见本文注1）

唐朝刘恂《岭表录异》："彭蜞，吴人呼为彭越，盖语讹也。足上无毛，堪食。吴越间多以盐藏，货于市。"彭蜞看来也是腌食为上。彭蜞又名彭越、蟛蚏、彭蚏、彭蜮、蟚蚏。

蔡谟亦学富五车，或认为彭蜞彭蜞差不多。的确是差不多，南宋梁克家《淳熙三山志》："彭蜞似蟹而小，似彭蜞而大。"说了等于没说。仅仅似蟹而小？螃蜞与大闸蟹之味相差十万八千里。可怜蔡司徒一世英名，竟然栽在一只小小的螃蜞身上。

上海人喜食螃蜞，可以追溯到元朝。陶宗仪《南村辍耕录》记载得非常详实："松江之上海、杭州之海宁人，皆喜食蟚蜞螯。"松江之上海，即松江府之上海县。元朝之前，是没有松江这个地名的。《元史·本纪第十·世祖》："至元十五年，改华亭县为松江府。"又："二十八年，分华亭之上海为县，松江府隶行省。"

至元十五年是 1278 年，二十八年是 1291 年；陶宗仪，生卒于 1329—约 1412 年。无疑，元末明初文学家、史学家陶宗仪（元末兵起，避乱松江华亭，直至离世）是历史见证人。元朝时候的上海县包括南汇，故上海人"喜食齸蟛蜞"，只吃螯，肯定是活螃蜞。一只小小的螃蜞，肉最多的地方就在此。活的螃蜞，也只能吃吃螯螯。

但中国人在饮食上的智慧，于一只小螃蜞，可见其大！腌，就能全食其肉、其螯、其黄。清屈大均《广东新语》："白蟛蜞，以盐酒腌之，置荼蘼花朵其中，晒以烈日，有香扑鼻。生毛者曰毛蟛蜞，尝以粪田饲鸭，然有毒，多食发吐痢，而潮人无日不食以当园蔬。"

蔡谟吃的是毛蟛蜞，腿上有毛，大螯无毛；既生于滩涂，又长于沟渠："螃蜞，似蟛蟚而大，右螯小而赤，生沟渠中。"（《闽中海错疏》）

屈大均既解释了蔡谟为何"吐下委顿"（多食发吐痢），又道出毛蟛蜞乃潮人的日常家肴（潮人无日不食以当园蔬）。那潮人如何制食呢？"以毛蟛蜞入盐水中，经两月，熬水为液，投以柑橘之皮，其味佳绝"，潮人以毛蟛蜞制酱。

以白蟛蜞酒腌，屈大均曰："食惟白蟛蜞称珍品。"并赋诗："正月蟛蜞出，雌雄总有膏。绝甘全在壳，虽小亦持螯。"膏指蟹黄，小小醉蜞，其鲜其味，最是在黄，凝润黑幽，鲜滋别殊。

屈大均一诗而绘醉蟛蜞之美：黄鲜、螯绵（醉后螯肉会绵软，见本书《蟹酿堪醉》）。

潮人会做醉蟛蜞（盐酒腌之），沪人又何尝不会！姆妈有时买到活蟛蜞自己腌。腌醉后，酒香扑鼻。小壳里，微黄嫩颤，膏黑润凝（吃透酱油和酒，硬膏黄会变黑润）。

闻之略沁心脾，食之微有回味。

[注1] 清·王先谦撰《荀子集解》。宋·姚宽《西溪丛语》："据《荀子·劝学》篇云：'蟹六跪而二螯。'……今考《神农本草》，蟹八足二螯，其类甚多。六足者名蛫（音跪），四足者名北，皆有大毒，不可食。《尔雅》云'蟛蜞'，曰'蟛即彭蜞也。似蟹而小'。蟛，王穴切。谢尚云'读《尔雅》不熟'，必《尔雅》说蟹。今本止有彭蜞一事，而他更无，恐《尔雅》脱文也。……文字脱落，疑误学者，可为叹息。"新林案：曰"蟛即彭蜞也。似蟹而小"。"曰"前脱文"疏"字，参见《尔雅注疏》。再案，中华书局《西溪丛语》句读误："《尔雅》云：'蟛蜞曰蟛，即彭蜞也。似蟹而小。蟛，王穴切。'"

蝤蛑螯然

上海人吃青蟹，一般都在饭店。我对饭店的吃食，可以说几乎无菜不忘。光顾着喝酒聊天，即使吃上一两筷子，也毫无印象。印象深的是在家里，慢吃慢品，才能食其味，得其韵。

中秋节在家里吃过一次青蟹，是兄弟送的。每只斤多重，浑身被塑料绳五花大绑，清蒸前想把塑料绳剪掉，看看两只巨大的蟹螯，没敢！怕绳剪掉后，它把我的手指头也给剪了。蒸后而食，味异河蟹，印象深刻倒非壳中的硬韧蟹黄，而是两只螯肉，紧实弹美，回悠海韵。

也算是看过三百多本历代笔记，可从未见"青蟹"两字。古人没吃过青蟹？笑话，古人什么东西没吃过——只要是活的。有些活的，我都不敢把历代笔记的真实描述呈现，怕吓着了您！

于是就想去寻一寻青蟹的"古源"。

从何处寻起？看来还得从青蟹的两只巨螯入手。好在如今有电脑，在我归类的文档中查"螯"即可。跳出一条，《酉阳杂俎》："蝤蛑，大者长尺余，两螯至强。八月能与虎斗，虎不如。随大潮退壳，一退一长。"唐朝大食家段成式果然记录过这种"两螯至强"的动物，名蝤蛑。"随大潮退壳"，不言而喻，蝤蛑生长在海里。段成式没说这动物是蟹。

唐朝另一个厉害人物刘恂，在《岭表录异》里描述："蝤蛑，乃蟹之巨而异者。蟹螯上有细毛如苔，身有八足。蝤蛑则螯无毛，足后两小足薄而阔（原注：俗谓之拨棹子），与蟹有殊，其大如升。南人皆呼为蟹。有大如小碟子者，八月，此物与虎斗，往往夹杀人也。"

刘恂和段成式的描述里，均有"八月""与虎斗"。刘恂的"蟹之巨而异者"与段成式的"随大潮退壳"，可合并推断为海蟹。进而推定，蝤蛑（yóu móu），即蝤蟊（yóu máo）。

我看历代笔记，有吃食的都记录并分而归类，这跟我是大学男且是理工男并是计算机男有关。大学男是大类，理工男是中类，计算机男是小类。每种吃食，我就这么归类。蟹也一样，大类"蟹"，中类"海蟹"，小类"蝤蛑"。在蝤蛑类，我归过很多历代笔记的记录。段成式的蝤蛑与刘恂的蝤蟊，就这样被我归到了一类。

刘恂并描述，蝤蟊"螯无毛"，与大闸蟹的螯有绒毛不同（"蟹螯上有细毛如苔"的蟹指大闸蟹，学名即中华绒螯蟹），这点我有印象——大螯光溜溜。"足后两小足薄而阔"也印象深刻，后两足确如划船的桨——薄而阔。

南宋梁克家《淳熙三山志》："蝤蛑，俗呼为蟳，扁而大，后两足薄阔，谓之拨棹。饱膏者曰赤蟹。"拨棹的意思是拨划木桨，即划桨。蝤蛑的别名"拨棹子"就是这么来的，它在海里也是要"划桨"游泳的嘛！

此条又出现蟛蜞的俗名"蟛"，又出现"饱膏者曰赤蟹"。"蟛"字另论。怎么又出现了"赤蟹"这个名称？刘恂《岭表录异》还有一条，记录五种蟹："水蟹……黄膏蟹……赤蟹，母壳内黄赤膏，如鸡鸭子黄，肉白如豕膏，实其壳中，淋以五味，蒙以细面，为蟹饦馎，珍美可尚。红蟹，壳殷红色，巨者可以装为酒杯也。虎蟹……"

这段文字对"赤蟹"的描述，实在让人大流馋水。后面紧跟"红蟹，壳殷红色"，赤即红也，可推断"赤蟹"的壳并非红色。

广东话很难懂，甚至有些文字也异，比如《广东新语》中的"蟛蟹"[注1]。后文紧跟："其未蜕者曰膏蟹，盖蟹黄应月盈亏，为月之精所注，故以膏为美。膏多则又曰母蟹，蟹以有膏为母，犹蚌以有珠为母也。"

越解释越糊涂，让人更摸不着头脑，这是什么蟹？是膏还是黄？

好在我把两条记录归在"饱膏赤美"的小小类！《岭表录异》记载唐朝岭南地方以广东为主的珍奇草木鱼虫鸟兽，清屈大均《广东新语》一脉相传。两条记录的共同点是：前者曰"母壳内黄赤膏"，后者曰"膏多则又曰母蟹"。母乃雌也，黄赤膏即"蟹黄"也，膏喻其凝[注2]。

论文字的严谨，还是刘恂高。刘恂所欠，只是一"蟛"。刘恂是唐朝人，不可能知道后世的宋朝，才赋予"蟛"字生命！

南宋戴侗《六书故》："蟳，青蟳也。螯似蟹，壳青，海滨谓之蟳蟹。"（卷二十动物四）明朝屠本畯描绘更细致："海蟳，蟳蚄也，长尺余，壳圆，色青，两螯至强，能与虎斗。"（《闽中海错疏》）清朝郭柏苍的记载令人惊愕："大者曰蟳蚄。长乐及福清、海山、诏安各湾海潭下有大蟳，长数尺。"（《海错百一录·蟳》）这只超级大蟳，或能与象斗。为了得到它，渔人以命相搏："冬日以绳系腰，禁息入水中取之，闻振绳乃举渔者出水，饥冻欲绝，以粪筹灼烟薰之始苏。"

刘恂所欠，更是一点海洋知识：其浓描艳绘的赤蟹即是其淡笔轻触的蟳蚄，只不过前者小点后者大点。刘恂吃过小的，故能神韵其味；没吃过大的，故把蟳蚄单独一列。

蟳蚄螯出，谁与争锋！

[注1]"其匡初蜕，柔弱如绵絮。通体脂凝，红黄杂糅，结为石榴子粒，四角充满，手触不濡，是名奭蟹。"新林案：奭蟹即软壳蟹，纪录片《鲜味的秘密二》："刚刚蜕壳后的青蟹是最脆弱的，也是最鲜美的。此时的蟹壳是软的，这种状态被称为软壳蟹。"

[注2]南宋·罗濬《宝庆四明志》"篪"条："经霜则有赤膏，俗呼母蟹，亦曰赤蟹。"篪（jié），海蟹。又"蟳蚄"条："前代多呼四明曰蟳蚄州。"以"蟳蚄"别作州名，可知赵宋之前，四明盛产青蟹。

江瑶一柱

梁实秋先生是我非常敬重的散文大家，尤其对美食的描写，窃以为近代无人能出其右。《干贝》一文曰："干贝是贝属，也就是蚌的一类。软体动物有两片贝壳，薄而大。司贝壳启闭的肉柱二，一在壳之中央，比较粗大，在前方者较小。这肉柱取下晒干便是干贝。"

这段描写非常形象到位，"启闭的肉柱"即是贝类的闭壳肌，晒干而成干贝。但文之开篇"干贝应作乾贝，正式名称是江珧柱，亦作江瑶柱"，予甚不认同！江瑶柱怎么可能是干贝的正式名称呢？

江瑶柱在古代，乃一种至美海鲜的独立名称。

李渔《闲情偶寄》："海错之至美，人所艳羡而不得食者，为闽之西施舌、江瑶柱二种。西施舌予既食之，独江瑶柱未获一尝，为入闽恨事。"李渔是大美食家，他认为海鲜（海错）的极品，乃福建的西施舌（沙蛤）和江瑶柱，前者既食而后者不得尝，一生之憾！

一生之憾的李渔，作为不靠海边的江南人，入一次闽（福建）不容易。大美食家入闽，仅为一尝晒干的干贝？不，当然想一品新鲜的江瑶柱。李渔未竟之业，袁枚替他完成："江瑶柱出宁波，治法与蚶、蛏同。其鲜脆在柱，故剖壳时多弃少取。"剖壳的意思：现剖。剖壳后呢？现烹。

"鲜脆在柱"，一言而道出瑶柱至美，李渔之憾！

江瑶柱乃海产品，非闽独霸，宁波亦有。北宋江休复《江邻幾杂志》："张枢言太博云：'四明海物，江瑶柱第一，青虾次之。'介甫云：'瑶字当作珧，如蛤蜊之类，即韩文公所谓马甲柱也。'"

张枢言太博指北宋宰相张昇，介甫是王安石的字。江休复于诗词研究甚高。王安石《桂枝香》是千古名词，虽高古格远，却意采张昇《离亭燕》[注1]。张昇为人低调，江休复以文托言："日升"为高，"安石"为低。江休复（字邻幾）辞世后，墓志铭及《江邻幾文集序》均为欧阳修所作。

四明，浙江旧宁波府的别称。韩文公指韩愈。王安石说"瑶"字应当为"珧"（出自郭璞《江赋》：玉珧海月）。故江瑶柱又称江珧柱、马甲柱。

袁枚言江瑶柱"治法与蚶、蛏同"，《随园食单》："蚶有三吃法……但宜速起，迟则肉枯。蚶出奉化县，品在车螯、蛤蜊之上。"江瑶柱烹法与蚶同，"但宜速起"，掐分候秒，"迟则肉枯"，不"鲜脆"也。

袁枚曰蚶"品在车螯、蛤蜊之上"。蛤蜊乃常馔，车螯又何物？清屈大均《广东新语》："有车螯者，似蛤蜊而大，甲厚而莹，有斑点如花。"车螯比蛤蜊大，亦属贝类，味不及蚶。梁实秋所谓"贝壳启闭的肉柱"，车螯亦有，南宋吴曾《能改斋漫录》："绍圣三年，始诏福唐与明州，岁贡车螯肉柱五十斤。俗谓之红蜜丁，东坡所传江瑶柱是也。"

绍圣：北宋哲宗的年号；福唐：今福州福清县；明州：治所在今宁波。

"车螯肉柱"在北宋绍圣年间曾作为贡品，而贡地恰恰是李渔之"闽"和袁枚之"宁波"。苏轼《四月十一日初食荔枝》诗："似闻江鳐斫玉柱，更洗河豚烹腹腴。"并自注："予尝谓，荔枝厚味，高格两绝，果中无比，惟江鳐柱、河豚鱼近之耳。"[注2]

对此，梁实秋在《干贝》里回应，"他（指东坡）所说的似是新鲜的江瑶柱，不是干贝"，这不与先生的开首语"干贝应作乾贝，正式名称是江珧柱，亦作江瑶柱"相互矛盾了吗？

吴曾所记"车螯肉柱"为江瑶柱，亦错！贝类均有闭壳肌，或大或小而已，比如扇贝、车螯、蛤蜊，唯江瑶柱是一种贝类的特大闭壳肌，现代正式名称为栉江珧（牛角江珧蛤），呈牛角状。

古人有述其形？有，清朝周亮工《闽小记》"江瑶柱出兴化之涵江，形如三四寸扁牛角"[注3]，涵江，古属兴化府莆田县，今位于福建省莆田市东部沿海。周对江瑶的形状淡描一笔，于瑶壳则浓泼其墨："双甲（壳）薄而脆，界画如瓦楞，向日映之，丝丝绿玉晃人眸子，而嫩朗又过之，文彩灿熳，不忝瑶名。"忝，辱也。

周乃前清才子画家，于细微处工笔其文："肉不堪食，美只双柱。所谓柱，亦如蛤中之有丁，蛤小则字以丁，此巨因美以柱也。"一言既出，大食家也。"蛤中之有丁"，蛤类（或称贝类）中都有小的闭壳肌，古人称之为"丁"，一丁点，而已。

"此巨因美以柱也"，栉江珧之"巨因美"，是因着巨大的闭壳肌而味道鲜美，古人称之为"柱"，一柱擎天！

"巨因美柱"，藏于大贝。明朝屠本畯《闽中海错疏》："江珧柱，一名马甲柱。案：江珧壳色如淡菜，上锐下平，大者长尺许，肉白而韧，柱圆而脆。沙蛤之美在舌，江珧之美在柱，四明奉化县者佳。"

"锐"是尖的意思。"上锐下平"，则形如牛角。"大者长尺许"，大的一尺来长。味道呢？又提到"脆"了。产地呢？又提到宁波了。

李渔也真是的，放着那么近的宁波不去，还"入闽恨事"呢！

[注1] 唐圭璋编《全宋词》（中华书局 1965 年版）张昇简介："昇字杲卿，韩城人。生于淳化三年（992）。大中祥符八年

（1015）进士。……熙宁十年（1077）卒。案：《宋史·列传》作张昪（shēng），而宰辅表则作张昪（biàn），他书亦多作张昪，今从之。"《全宋词》王安石简介："安石字介甫，临川人。生于天禧五年（1021）。庆历二年（1042）进士。……元祐元年（1086）卒。"《离亭燕》："一带江山如画，风物向秋潇洒。水浸碧天何处断，翠色冷光相射。蓼岸荻花中，隐映竹篱茅舍。天际客帆高挂，门外酒旗低迓。多少六朝兴废事，尽入渔樵闲话。怅望倚危栏，红日无言西下。"《桂枝香》："登临送目，正故国晚秋，天气初肃。千里澄江似练，翠峰如簇。征帆去棹残阳里，背西风，酒旗斜矗。彩舟云淡，星河鹭起，画图难足。念往昔，繁华竞逐，叹门外楼头，悲恨相续。千古凭高对此，谩嗟荣辱。六朝旧事随流水，但寒烟衰草凝绿。至今商女，时时犹唱，后庭遗曲。"

［注2］宋·苏轼著、清·冯应榴辑注《苏轼诗集合注》（上海古籍出版社2001年版）。书中前言："自宋至清，苏诗就有许多注本。其注家之多，仅次于注杜甫诗者。清代乾隆年间冯应榴的《苏文忠公诗合注》是一部具有总结意义的著作，今将其标点出版，改名《苏轼诗集合注》。"新林案："鳐"当作"瑶"。

［注3］清朝1尺＝32厘米，三四寸大约十多厘米，郭柏苍《海错百一录》引用《闽小记》于此处加上按语："按大者盈尺，不止三四寸。"新林案：本人在沪上海鲜超市，所见新鲜梅江珧，约二十厘米，六寸左右。

西施柔舌

我小时候爱画画，特别爱在不喜欢的课上偷偷地画，左手掩，右手画，边画还边翻白眼偷瞄黑板前的老师。没什么用，历史老师经常罚我立壁角（参见本书《风菱悠鸣》注3），语文老师也好不到哪里去，政治老师就更别谈了。

罚就罚呗！还说我的思想"发臭发烂"了，三个老师三种口音，苏式广式（一苏两广）沪语，激昂愤慨时听不太懂，让站在教室墙壁根的我，心情为之一松。"批斗"是一骂二罚三展示，最后高高举起我的画。那时候没同学得近视眼，都远视眼得很哪！

"墨书香里展臭画，听取哇声一片。"男同学的"哇"声里带着羡慕，女同学的"哇"声里带着鄙视。偷画西施，还画得那么像！在1970年代末，画古代美女也只有落后学生敢干。

我年少时，只是画画西施。年长后，看到古代文人骚客大吃"西施"：食其"乳"（参见拙著《古人的餐桌》之《西施乳》），嚼其"舌"。都是前辈啊！恨不得到地下去为他们点个赞。

李渔《闲情偶寄》："所谓'西施舌'者，状其形也。白而洁，光而滑，入口咽之，俨然美妇之舌。"妙笔神韵，但思想不纯，居然还嫌"少朱唇皓齿"。我要是李渔的语文老师，就冲画面感这么强的"发臭发烂"思想，罚他个立壁角。

西施舌到底是什么东西，能让李渔呕吧出如此"发臭发烂"的思想？南宋梁克家《淳熙三山志》："沙蛤，出长乐，色黑而薄，中有沙焉，故名。俗呼西施舌。"梁克家身为南宋宰相，素与朱熹交好，故思想比较纯洁。沙蛤，即西施舌的正名。

清嘉道名臣梁章钜也是长乐人，"就养东瓯（在温州休养）"时评价："平心按之，石首鱼不如福州，江瑶柱不如宁波，西施舌不如登、莱、青各府。"说温州的西施舌不如登、莱、青等山东之地。讳言跟家乡福建长乐比，尽显名臣端坐的风范。

明朝大臣王世懋《闽部疏》曰："海错出东四郡者，以西施舌为第一，蛎房次之。西施舌本名车蛤，以美见谥，出长乐湾中。"闽东四郡，指福州、兴化（今莆田）、泉州、漳州。王世懋亦推崇长乐的西施舌。湾指海湾处。王世懋认为西施舌"以美见谥"。

谥号是给死人的，西施舌一吐一缩，活的才好吃！

屠本畯作为明朝海洋动物学家，纠正了前辈"车蛤"之误："沙蛤，土匙也，产吴航，似蛤蜊而长大，有舌白色，名西施舌，味佳。〔案：《闽部疏》云：海错出东四郡者，以西施舌为第一，蛎房次之，西施舌本名车蛤，以美见谥，出长乐湾中。〕"（《闽中海错疏》）吴航［注1］在长乐。

至于西施舌的形象，明朝陈懋仁描述精准："西施舌，壳似蛤而长，外色若水蚌壳，内色如孔翠，肉白似乳，形酷肖舌，阔约大指，长及二寸，味极鲜美，无可与方。"（《泉南杂志》）陈懋仁文采斐然，可惜思想没"发臭发烂"，也只能"味极鲜美"尔尔。

屠本畯不愧为海洋动物学家，其述"沙蛤之美在舌，江珧之美在柱"（《闽中海错疏》），一舌一柱，令人浮想"舌柱之美"。

李渔是明末清初的大文人，与之交好的周亮工，诗书琴画皆通。两人论馔，亦颇类趣。周亮工以画家的角度，笔墨闽中海错，堪称神评："画家有神品、能品、逸品。闽中海错，西施舌当列神品、蛎房能品、江瑶柱逸品。西施舌以色胜香胜，当并昌国海棠。蛎房以丰姿胜，并牡丹。江瑶柱以冷逸胜，并梅。"（《闽小记》）

评着评着就走神了，如我年少时上课："西施舌既西施舌之矣，蛎房其太真之乳乎？圆真鸡头，嫩滑欲过塞上酥。江瑶柱产涵江，癖梅妃子亦生其地，其妃子之玉骨乎？"蛎房指牡蛎。太真是杨贵妃，癖梅妃子指江采蘋[注2]，莆田人。涵江，古属兴化府莆田县（今位于福建省莆田市东部沿海）。

大唐开放包容[注3]，太宗贞观年后，各国使节，纷至沓来，长安气象，盛况空前。玄宗开元年间，进入盛唐，史称"开元盛世"。可惜，玄宗开放得有些过分了！

北宋刘斧《青琐高议前集》记载："一日，贵妃浴出，对镜匀面，裙腰褪，微露一乳，帝以指扪弄曰：'吾有句，汝可对否？'乃指妃乳言曰：'软温新剥鸡头肉。'妃未果对。禄山从旁曰：'臣有对。'帝曰：'可举之。'禄山对曰：'润滑初来塞上酥。'妃子笑曰：'信是胡奴只识酥。'帝亦大笑。"大笑之后，安史之乱，马嵬兵变，贵妃消魂。

周亮工不愧是大才子，记性好，文采佳，"圆真鸡头，嫩滑欲过塞上酥"。

语文老师被气得脸色发青，大叫一声：

周亮工，你的思想"发臭发烂"了！

[注1]清·施鸿保《闽杂记》"吴航"条："查初白《西施舌》诗：'尤物佳名托，依然住水乡，死难逃越网，生只恋吴航。'案：吴航，长乐县地名，近海处，今称太平港，俗但称吴航头。"

[注2]《新唐书·本纪·玄宗皇帝李隆基》："二十八年……以寿王妃杨氏为道士，号太真。"元·陶宗仪《说郭一百卷·卷三十八·梅妃传》："梅妃姓江氏，莆田人。父仲逊，世为医。妃年九岁，能诵二南。语父曰：'我虽女子，期以此为志。'父奇之，名之曰采蘋。开元中，高力士使闽粤，妃笄矣。见其少丽，选归侍明皇，大见宠幸。……性喜梅，所居栏槛，悉植数株，上榜曰'梅亭'。梅开，赋赏至夜分，尚顾恋花下不能去。

上以其所好，戏名曰'梅妃'。"新林案："二南"指《诗经》的《周南》《召南》。并参见本书《鞭长莫及》注2。

[注3]《资治通鉴·唐纪十四·贞观二十一年》："上曰：自古皆贵中华，贱夷、狄，朕独爱之如一。"上指唐太宗李世民。

蛎房开门

中学语文课，能记得的外国文学作品，仅一篇：《我的叔叔于勒》。至于写些什么，真记不住。唯一有印象的，是外国漂亮太太在海上吃生的牡蛎。食、色，性也。色、食，趣也。无兴趣，谁会记得这课文！

我小时候，趣味真不高，夏天喜欢打赤膊逛城隍庙。城隍庙经常有外国太太，她们穿得比我多，让我脸红。为自己的打赤膊而脸红，也为她们穿得比我多二点点而脸红。更脸红的，近距离瞄一眼，她们胳膊上的汗毛，金光发亮。

印象中，有个外国漂亮太太俯身系鞋带，我不小心瞄了一眼。嗷吆！脸发烫得差一点肿起来。看来老师说我的思想“发臭发烂”，一点没错。好在有清朝的周亮工垫底（参见本书《西施柔舌》），他的思想才真正是“发臭发烂”，一点羞耻感都没有：“蛎房其太真之乳乎？圆真鸡头，嫩滑欲过塞上酥。”（《闽小记》）周亮工思“房”想“乳”，其臭烂矣！

蛎房，是古人对牡蛎的别称：“蛎房，一名牡蛎，出海岛，丽石而生，其壳礌磈相粘，如房。《岭表录异》谓之蚝山。”（屠本畯《闽中海错疏》）丽是依附之意。屠本畯乃明朝海洋动物学家，命名严谨，所记真实。唐朝刘恂《岭表录异》：

"蚝，即牡蛎也。其初生海岛边如拳石，四面渐长，有高一二丈者，巉岩如山。"文中无"蚝山"两字，今本或有脱文（古籍中脱落了文字）。

牡蛎俗称蚝，别名蛎房。古人起名，必有其意，北宋宰相、药学家苏颂《本草图经》"牡蛎"条曰："此物附石而生，魂礧相连如房，故名蛎房。一名蠔山。"魂礧（kuǐ léi），意垒积不平，蠔同"蚝"。

牡蛎是海洋生物，壳似小房，相连生长，越长越多，渐长渐大，苏颂又曰："每一房内有蠔肉一块。肉之大小，随房所生，大房如马蹄，小者如人指面。每潮来，则诸房皆开，有小虫入，则合之，以充腹。"牡蛎房开，小虫命丧。

牡蛎有大有小，"肉之大小，随房所生"，苏颂对牡蛎的描述，精准无比，盖其本闽人也。那么肉味如何？"其味尤美好，更有益，兼令人细肌肤，美颜色，海族之最可贵者也"，"美好"两字，在饮食翻译上是又美味又好吃。"兼令人细肌肤，美颜色"，怪不得《我的叔叔于勒》里的漂亮太太，爱吃生蚝。

原来养颜！生蚝生吃，其名蚝生。南宋吴自牧《梦粱录》"分茶酒店"条，"食次名件甚多"，多到什么地步？三百多件！牡蛎名件，其一"酒掇蛎"，掇，拾取也。牡蛎酒浸，生掇而食，一醉人心；其二"生烧酒蛎"，乃古版之"火焰牡蛎"。酒浸牡蛎（南宋已有高度白酒），点火生烧，焰酒燃尽，其壳开张，酒体润香，嫩肉爆浆。

我小时候，从来没有生吃过会动的东西（简称活体）。年过四十才第一次品尝到生蚝的滋味，一叉入嘴（西餐），其肉也嫩，其裙也韧，最美其汁，肆鲜爆口。

牡蛎养颜，唐人已知，孟诜《食疗本草》"牡蛎"条："火上炙，令沸。去壳食之，甚美。令人细润肌肤，美颜色。"太真杨贵妃估计也没少吃。"火上炙，令沸"，可以想象，牡蛎嫩肉在颤动，润汁在突突冒泡，实在太馋惑诱人！

牡蛎吸附力强，故能"附石而生"，双壳闭合力也强，故难"开房"。唐朝孟诜曰"火上炙"（《食疗本草》）；苏颂本闽人，见识过海人的豪爽，"海人取之，皆凿房，以烈火逼开之，挑取其肉，而其壳左顾者为雄，右顾者则牝蛎耳"（《本草图经》）。古人以火力攻，使房门开。

"右顾者则牝蛎耳"，牝蛎即雌的牡蛎。牡蛎还左顾右盼？其出有源，南北朝时期药学家陶弘景《本草经集注》"牡蛎"条曰："道家方以左顾者是雄，故名牡蛎；右顾则牝蛎尔。"出现道家两字，可知牡蛎养生耳。但古代道家养生，把人"养"死的也不少，始皇帝算一个。

故道家方（方术）不怎么可信，唐朝大食家段成式曰："牡蛎言牡，非谓雄也。"（《酉阳杂俎》）牡是雄，牝是雌。北宋药学家寇宗奭进一步阐述："左顾，《经》中本不言，只从陶隐居说。其《酉阳杂俎》已言：'牡蛎言牡，非为雄也。'且如牡丹，岂可更有牝丹也？"（《本草衍义·牡蛎》）《经》指《神农本草经》，最早的中医药著作。陶隐居指陶弘景，他自号华阳隐居。

"且如牡丹，岂可更有牝丹也?"寇宗奭的反问非常机智！说起牡丹，又要提到那个"发臭发烂"的周亮工，作为一个画家，其对牡蛎评价甚确："画家有神品、能品、逸品。闽中海错，西施舌当列神品、蛎房能品、江瑶柱逸品。西施舌以色胜香胜，当并昌国海棠。蛎房以丰姿胜，并牡丹。江瑶柱以冷逸胜，并梅。"

"蛎房以丰姿胜"，确乎其美，堪称神评。

蛎房丰姿，鲜艳欲滴，欲享其美，需以火攻。清朝屈大均的描写，逼真太过："人率于海旁石岩之上打蠔，蠔生壁上，高至三四丈，水干则见，以草焚烧之，蠔见火爆开，因夹取其肉以食，味极鲜美。"（《广东新语》）爆开房门，夹取其肉，一口满汁，味极鲜美。一爆一口，再爆再口。此种食法，豪放粗爽，最为原始，牡蛎带着海水的气息，在口腔里鲜爆到极致。狂野肆意，生食其美！

记得《我的叔叔于勒》里开牡蛎用刀撬，吃牡蛎用小嘴吸，优雅得很。粗爽也好，优雅也罢，反正要吃牡蛎，只能霸王弓硬上，不是撬，就是爆。美军海豹突击队突击恐怖分子，从来不正经入房门，对喽！不是撬，就是爆。

蛎房开门，唇齿欢畅！

银带纤身

带鱼油煎的时候,味很特别,腥气混杂着油香,从自家的厨房飘出,散进邻家的鼻子。这是我从小闻到大的味。有时候回家,楼里就会有一股这样的味。这样的味,似乎就是家味!

清人赵学敏说了四个字:"煎烹味美。"(《本草纲目拾遗》)

年少时,油要凭票供应。姆妈会物尽其用,先炸一盘龙虾片,或先煎几块素鸡。最后才舍得把剩下的油,煎带鱼。煎好带鱼还剩下一点点油,只能倒掉。没办法,谁叫带鱼这么腥气呢?带鱼的腥气在油煎时,会释放出一种说不出的味,浓烈但并不惹人讨厌。这种味,就是回家的味!

古人也喜欢这种味,明朝谢肇淛在《五杂组》里讲过一个故事:"闽有带鱼,长丈余,无鳞而腥,诸鱼中最贱者,献客不以登俎。然中人之家用油沃煎,亦甚馨洁。尝有一监司,因公事过午归,馁甚,道傍闻香气甚烈,问何物,左右以带鱼对,立命往民家取已煎者,至宅啖之,大称善,且怒往者之不市也,自是每饭必欲得之,去闽数载,犹思之不置。"

大意是:闽南的带鱼腥气而价贱,一般不登大雅之堂。有个地方长官因公事午饭还没吃,很饿。突然闻到一股浓烈的香气，问是何物。随从说是带鱼。长官既饿又馋，受不了这香味啊！就命令到民家去取已经煎好的带鱼（给不给钱不知道），回到家里，边馋边吃，吃着吃着忍不住对随从发火：你们以前怎么不买给我吃啊！

长官是闻到了"香气甚烈"的带鱼味，才得尝带鱼的滋味！"自是每饭必欲得之"好像夸张了点，顿顿吃油煎带鱼，予恐"香气"烈爆也！

油煎带鱼，要微火，煎得两面金黄，可直接做冷盘，谓之"干煎"。亦可再红烧而成热菜。做冷盘的油煎带鱼，要先用盐、黄酒腌渍一会，这样煎出的带鱼才入味。火要微，两面轻翻，尽量使皮不散，煎出的才是上品冷盘带鱼。

带鱼要新鲜才好，挑选带鱼有讲究，眼亮、鳞闪、身薄而纤，明朝屠本畯《闽中海错疏》："带，身薄而长，其形如带，锐口尖尾，只一脊骨，而无鳃无鳞。"

身为海洋动物学家，屠本畯做下记录："大者长五六尺。"明朝 1 尺 = 32 厘米，6 尺 = 6×32 厘米 = 192 厘米 = 1.92 米。前文《五杂组》所记"闽有带鱼，长丈余"，1 丈 = 10 尺 = 10×32 厘米 = 320 厘米 = 3.2 米。

二三米的大带鱼，到了清朝，尺寸缩小："带鱼，身薄如带，长至三四尺，阔至三四寸。"（郭柏苍《海错百一录》）清朝 1 尺 = 32 厘米，4 尺 = 4×32 厘米 = 128 厘米 = 1.28 米。如今的东海大带鱼，长一般不会超过 80 厘米。

郭柏苍又云："小者名带柳。"小带鱼，古人名为"带柳"，银柳依依，纤身飘逸。"带柳"之名，见之于书，最早为《八闽通志》："小者俗名带柳。"编纂者黄仲昭为明朝方志学家、诗文家。

现如今，太大太宽的带鱼，多是外国带鱼，肉木。从小吃惯了东海带鱼，再吃大带鱼，就犹如看见老外一身的毛，不习惯。东海带鱼，清爽！

清爽的带鱼，在夏天吃最宜人！夏天的时候，我喜欢吃糟香带鱼。超市里有糟卤，各种牌子都有，试下来还是"老大同"的百年糟卤，香幽绝美。糟的带鱼可大可小，但煎法相同：微火，慢煎慢翻，直至两面金黄。

冷却后，直接入糟卤，放冰箱冷藏即可。糟卤要没过鱼身，以入味。放冰箱的时间，以一小时以上，卤渗鱼肉，糟香润萦。冷糟绕香，热糟缭美，梁章钜《浪迹三谈》："此鱼家人率以常馔忽之。余尝为友人留饮，以白糟猪脂，同蒸鲥法治之，乃美不可言。"

梁因"家人率以常馔忽之"，对带鱼没什么好感。某日被友人留宴，席中一馔"白糟猪脂蒸带鱼"，甚觉"美不可言"。梁章钜乃清嘉道名臣，又是大文人、大食家，品得出常馔与殊味的差异。

带鱼可干煎，可红烧，可糖醋，可香糟，但总及不上清蒸。清蒸得其本味。早年姆妈买来鳞光闪闪的带鱼，绝对舍不得红烧。我如今也是，上品带鱼，鱼鳞均匀，鱼身不破，眼亮鳃红。洗带鱼也有讲究，从带鱼肚脐的小孔往头部剪开，去内脏，去红鳃，去鱼肚，去头肚黑膜。

带鱼清蒸，万万不可去鱼鳞。银鳞下有"银脂"，这层凝脂，富含营养，更藏腴美。带鱼洗净后，只需放料酒、盐、姜、葱。水开后，大火八分钟（视各家火候调节），一盘银色润亮的带鱼即可上桌。

清蒸带鱼，有股清鲜的腥香，这种腥微微的，鳏而不腻，如风情女人，微腥而不浓骚，所谓闻香识女人也。我是闻香识带鱼，闻到此味，味蕾大开。这样的带鱼，腴嫩、绵滑、鲜香、细腻，在口里余鲜缭绕，缠绵不绝！

曲身曼妙

　　年节将近,各家又忙碌起来。天下熙熙,皆为口舌。过年之前,年货不可不备。菜场里高高挂起各式腌货,香肠、腊肉、腌鸡、风鱼,琳琅满目。海鳗的姿态尤为豪壮,在众多腌货中鳗身鹤立。

　　海鳗在大洋里悠哉游哉,曲身曼妙。张开大嘴,尖牙利齿,凶猛异常,小鱼小虾,尽入其肚。这样的鱼类必是肉紧味美,其身躯盐腌风干后,名"鳗鲞",又谓之"风鳗"。风鳗被风慢柔慢吹,慢揉慢干,曲身不再。犹如曼妙佳人,临了了,不过直挺挺一躯耳。

　　风鳗有"淡风"和"浓风"之别。前者细盐轻抹,风揉短暂;后者粗盐浓擦,风揉长久。前者味淡,清腴,宛若鲜食;后者味浓,凝韧,绝然腌味。沪上人家的年味,必少不了"风"情浓长、凝韧咸香、绝然腌味的鳗鲞。

　　上海除去本地人,先祖多半为江浙移民。人可以改变仪表、身份、地位,却难以更改他的乡胃。鳗鲞由浙江移民带之入沪,进而发扬光大,成为沪人年味的标配。

　　清朝嘉道名臣梁章钜乃闽人,喜食新鲜海鳗:"此海鳗也,瓯人多不敢食,小者间以充馔,稍大即鲞之,故大鲜鳗颇难得也。'河鳗我所戒（河鳗即白鳝，吾乡呼为壮鳗，近年始与黄鳝同入戒单云），海鳗我所嗜。瓯人戒鲜食，咄哉不知味。'"（《浪迹三谈》"鳗鱼"条）括弧内是梁氏自注。咄，惊讶之意。

瓯人（温州人）"戒鲜食"，却嗜腌鲞，其"不知味"耶？梁以己之嗜，贬他人之好，颇失名臣风范。梁章钜的《浪迹丛谈》《浪迹续谈》《浪迹三谈》，真实记录所观、所想、所味，大多不失偏颇，唯此说，予甚不认同。

大鳗鲜食颇腥，不如作鲞更韵！南宋吴自牧《梦粱录》"鲞铺"条，"鱼鲞名件"有"鳗条弯鲞"。鳗鲞片丝，韵长味滋："又有托盘檐架至酒肆中，歌叫买卖者，如……鳗丝等脯腊从食。"（"分茶酒店"条）可见很久前，鳗鲞就是下酒佳品。隔了三朝，梁章钜竟然曰："即如海鳗，为鱼中佳品，而土人不敢鲜食，必腊之而后登盘也。"（《浪迹续谈》）腊即腌，鳗腊之而成鳗鲞。

吴自牧其土人乎！

梁章钜嗜海鳗而戒河鳗，不知何理（"予戒金鲳而嗜银鲳"，见本书《何以娟名》）？

海鳗与河鳗之差别，在乎海与湖，亦在乎大与小。南宋梁克家《淳熙三山志》："鳗鱼，似蛇而无鳞，口齿尤铦利，色青黄。海出者比江鳗差大，一名慈鳗，亦名猾狗鱼。""差大"是大一点的意思，海鳗比河鳗大。

《本草纲目》："鳗鲡鱼【释名】白鳝、蛇鱼。""海鳗鲡

【释名】慈鳗、猾狗鱼。"

明朝海洋动物学家屠本畯《闽中海错疏》:"海鳗之大者百余斤,小者二三斤,鳗鲡之大者亦有八十余斤,肥美无比,产在咸淡水之介。"此处鳗鲡指河鳗。

明兵部侍郎黄衷所撰《海语》,曾记载东南亚巨鳗:"鳗鲡大者身径如磨盘,长丈六七尺,枪嘴锯齿,遇人辄斗,数十为队。常随盛潮陟山而草食,所经之路渐如沟涧,夜则咸涎发光,舶人以是知为鳗鲡所集也。燃灰厚布所开路,执镖戟诸器群噪而前,鳗鲡循路而遁,遇灰体涩不可窜,移时乃困,舶人恣杀之。皮厚近寸,食之美于肉也。"此处鳗鲡指海鳗,"常随盛潮陟山"嘛!

"丈六七尺",一丈六七尺,身长 5 米(明朝 1 尺 = 32 厘米),别名蛇鱼,确乎吓人!"皮厚近寸",3.2 厘米,舶人身壮,牙口甚佳!

《四库提要》称《海语》"所述海中荒忽奇谲之状,极为详备,然皆出舟师舵卒所亲见"[注1];黄衷自序,其大国情怀,跃然纸上 [注2]。隔一朝,《尼布楚条约》签订(1689 年),国人依然自豪于世界。清人陈其元《庸闲斋笔记》记载条约签订后,俄使进京觐见之闻,"聘盟日记"条云:"又过鱼市,见各色生鱼如鲤、鲫之属,并有水蛇,心大诧异,不解中华何以食此?"鱼市里怎么可能有水蛇?《庸闲斋笔记》"少见多怪"条续记一笔:"俄罗斯国人不知鳗鳝,诧为水蛇。"

"多识于鸟兽草木之名"，未必会成家（鸟兽学家、植物学家），可要成大食家，总不见得把鳗鳝认作水蛇？梁章钜是嘉道名臣，袁枚乃前清才子，二人于饮馔，各有其道。袁枚似乎更胜一筹："以河鳗一条，洗去滑涎，斩寸为段，入磁罐中，用酒水煨烂。下秋油起锅，加冬腌新芥菜作汤，重用葱、姜之类以杀其腥。……起笼时尤要恰好，迟则皮皱味失。"

袁的文字，尽显一个大食家的文采。河鳗"滑涎"，海鳗"咸涎"，鳗涎腻心 [注 3]，鳗味皆腥。而鳗鲞，恰恰在风的吹拂中，涎消腥散，慢干渐香，真是：

别有一番滋味在年头！

[注 1]《四库提要》："《海语》三卷，明黄衷撰。衷字子和，上海人，弘治丙辰进士，官至兵部右侍郎。是书乃其晚年致政家居，就海洋番舶，询悉其山川风土，衷录成编。自序称'铁桥病叟'者，其别号也。……所述海中荒忽奇谲之状，极为详备，然皆出舟师舵卒所亲见，非《山海经》《神异经》等纯构虚词诞幻不经者比。……此书成于嘉靖初，海贾所传，见闻较近似，当不失其实，是尤可订史传之异，不仅博物之资矣。"

[注 2]黄衷自序："夫列徼之外，东方曰夷，南方曰蛮。……余尝考洪武、永乐之际，海上朝贡之国四十有一。……余自屏居简出，山翁海客，时复过从，有谈海国之事者则记之，积渐成帙，颇汇次焉。……夫天地万物，陆之所产，水必产焉。故物

莫繁于海，亦莫巨于海。……夫言，以谈海立者也，题曰《海语》云。嘉靖十五年岁柔兆涒滩三月朔旦，铁桥病叟黄衷识。"新林案："柔兆"为天干"丙"，"涒滩"为地支"申"，"嘉靖十五年岁柔兆涒滩"，即嘉靖丙申，1536 年。

[注 3] 沪语，脏得让人恶心。

触须裙飘

在浩瀚的海洋里，水母似精灵般地飘来飘去，晶莹剔透，其色斑斓，其姿优美。现代水下摄影技术，呈现出水母的惊世绝貌，她在幽深的海里，发出奇幻的荧光，空灵妙美，不可方物。

不可方物，已成方物。沪人宴客，冷菜必有海蜇头一盘。海蜇丝上不了台面，自家吃最宜，海蜇丝乃海蜇皮切而为丝，故名。海蜇丝以香油生抽凉拌萝卜丝，清爽脆口。从生物学上理论，海蜇是水母种群里可食的一类，占比很小。那些惊世绝貌的水母，犹如鲜艳绝灿的蘑菇，腐人肠肚，毒人生命。

尘世间，凡惊世绝貌之体，皆有害于人。

海蜇最早出现在古人的餐桌，见诸西晋张华《博物志》："东海有物，状如凝血，从广数尺，方员，名曰鲊鱼。无头目处所，内无脏，众虾附之，随其东西。人煮食之。"海蜇初名是"鲊"。晋人熟食之，至初唐依然："〔藏器曰〕蛇生东海……炸出以姜、醋进之，海人以为常味。"（《本草纲目·海蛇》）海蜇虽熟食，但名已成"蛇"。陈藏器（约687—757），初唐药学家。

东晋文学家郭璞《江赋》，被收入《文选》（见本书《千金翠玉》注1），其赋有曰："水母目虾"，李善注："《南越志》又曰：海岸间颇有水母，东海谓之蛇。正白，濛濛如沫，生物有智识，无耳目，故不知避人。常有虾依随之，虾见人则惊，此物亦随之而没。"李善（630—689），初唐著名学者，《文选》学奠基人。

"海蜇"之名，究竟出现在何时？予2015年始读历代笔记，至今已超三百本。私下以为海蜇一词，出现在南宋。吴自牧《梦粱录》"湖船""夜市""分茶酒店"条、周密《武林旧事》"市食"条、《西湖老人繁胜录》"六月初六日"条，均出现过海蜇或海蜇鲊（南宋时，鲊字之意乃"快速制食品或快速腌制法"，如旋鲊等）。

明朝陆容对海蜇之名颇有研究："又水母俗名海蛰。《松江志》作海蛰，或作海蜇。《翰墨大全》作海蛇。案：蛰，虫冬伏也。蜇，虫伤人也。皆非物名。蛇，实水母之异名。温州人又呼水母为鲊鱼，鲊字无义，岂即蛇音之讹耶?"（《菽园杂记》）

陆容是大学者，引经据典，考据讲究。我是小作者，依仗着计算机，把水母分而归类，得出海蜇名字的演变过程：始"鲊"后"蛇"终"海蜇"。

海蜇从熟食到生食，仅仅历经不到一个朝代——初唐到晚唐。这与鲜海蜇加工法之演进不无关系。刘恂《岭表录异》："广州谓之水母，闽谓之蛇。其形乃浑然凝结一物。有淡紫色者，有白色者。大者如覆帽，小者如碗。腹下有物如悬絮，俗谓之足，而无口眼。……南人好食之，云性暖，治河鱼之疾。然甚腥，须以草木灰点生油，再三洗之，莹净如水晶紫玉。肉厚可二寸，薄处亦寸余。先煮椒桂或豆蔻生姜，缕切而炸之，或以五辣肉醋，或以虾醋，如脍食之，最宜。"

"草木灰点生油，再三洗之"是海蜇得以生食的最初加工法。南宋之前，"脍"即生食（参见拙著《古人的餐桌》之《丝缕飘逸》）。晚唐以后，国人筵席，多了道爽脆下酒的绝妙佳品：海蜇。"肉厚可二寸"指海蜇头，即"腹下有物如悬絮，俗谓之足"，此乃水母触须，即海蜇头也。

海蜇头上得了台面，因其厚味爽脆，也因其边缘花簇添美。清屈大均《广东新语》"水母"条："干者曰海蜇，腹下有脚纷纭，名曰蜇花。八月间干者肉厚而脆，名八月子，尤美。"屈大均描写的文字，已非常接近海蜇头，即水母的触须。

历代笔记作者，无一人能下海潜水，故无人能说出海蜇头和海蜇皮的具体部位。

《本草纲目》："海蛇【释名】水母。〔时珍曰〕人因割取之，浸以石灰、矾水，去其血汁，其色遂白。其最厚者，谓之蛇头，味更胜。生、熟皆可食。"李时珍"浸以石灰、矾水，去其血汁"是基本定型的海蜇加工法。因石灰于人体有害，海蜇最终定型于三矾加工法（食用盐加白矾盐渍三次），使鲜海蜇脱水三次，以排其毒。

即若不惊世绝貌的水母，亦艳压群芳，其毒可想而知！

李时珍只说蛇头而未道蛇皮，清人赵学敏拾其所遗："《纲目》载海蛇名水母，人以石矾水腌之，去其血水，色乃白，其形最厚者谓蛇头，味更胜云，而不录其外皮之用。"（《本草纲目拾遗》）"外皮"两字，何以拾遗？反让人误会海蜇头外有皮。

　　海蜇皮到底是水母的哪个部位？清人李斗《扬州画舫录》："蜇鱼割其肉曰蛇头，其裙曰蛇皮。"

　　水母触须，绽放花簇；水母伞裙，飘逸梦幻。

柔软之鱼

上海人过年，热菜少不了鱿鱼、墨鱼，鱿鱼炒芹菜，或墨鱼炒咸菜。独独剩下章鱼，孤零零地上不了台面。上海人称墨鱼为乌贼鱼，贼字的读音我还真标不出。其音短促，唇齿连动，好似做贼。

鱿鱼、墨鱼、章鱼，是海洋生物中近似的一类，似鱼非鱼，都属软体动物门、头足纲。我从小生物课没好好上过，门啊纲啊都是抄来的。但三者是近亲，这个我懂，都吃过了嘛，当然懂！

鱿鱼、墨鱼、章鱼，在海洋里飘柔，到砧板上滑柔，进嘴巴里韧柔。

我曾经洗过一条墨鱼，肚内竟然有五条完整小鱼，唐朝刘恂《岭表录异》"乌贼鱼"条："有小虾鱼过其前，即吐涎惹之，取以为食。"刘恂大概会潜水，观察得那么仔细。并曰："广州边海人往往探得大者，率如蒲扇。炸熟，以姜醋食之，极脆美。或入盐浑腌为干，捶如脯，亦美。吴中人好食之。左思《吴都赋》曰：乌贼拥剑。"

不得不说，刘恂是大食家，"以姜醋食之，极脆美"。吴中即今苏州，上海离苏州近，亦好食之。左思是西晋人，《吴都赋》被收入《昭明文选》，唐朝李善注："乌贼鱼腹中有药。"什么药？蒙汗药！乌贼鱼喷出的"墨汁"含有毒素，以防劲敌，"遇大鱼，辄放墨，方数尺，以混其身"（唐段成式《酉阳杂俎》）。

校读了三百多本历代笔记，才感到古人神乎其神，无所不知。

乌贼喷墨，防得了劲敌，防不住人类，清初周亮工《闽小记》："有物触之辄吐墨自覆，人反得，因其墨而迹捕之，愚矣。"你说自然界还有什么敌得过人！冠状病毒？周亮工不愧是大文人、大食家："用湿纸层层裹之，敲细稻秸，火煨之，香熟可啖。"

"墨鱼大烤"这道名菜估计就是周亮工传下来的。

沪人之所以墨鱼炒咸菜而不炒芹菜，其源在古："鲗作腥，柔不作腥而味佳。"（明屠本畯《闽中海错疏》）墨鱼又名乌鲗，简称"鲗"。鱿鱼古人称为柔鱼、鰇鱼，简称"柔"。鱿鱼"不作腥"，那么作腥的墨鱼呢？索性炒咸菜。本盖其腥，反突其韵。故"墨鱼炒咸菜"在上海人的台面上，似乎还略高于"鱿鱼炒芹菜"。

明朝屠本畯说鱿鱼"味佳"，兼听则明，清朝周亮工曰："鰇鱼，状似墨鱼，出日本。火炙，揉而为丝，味胜墨鱼远矣。"（《闽小记》）烤鱿鱼丝，"味胜墨鱼远矣"。周亮工于饮馔，工于其道：墨鱼要"火煨"、鱿鱼需"火炙"，一煨一炙，显其食理，示其品味。

南宋梁克家《淳熙三山志》"柔鱼"条："似乌贼而小，色紫。俗呼为锁管。"我在归类鱿鱼的时候，发现周密《武林旧事》"酒楼"条记载："又有卖玉面狸、鹿肉、糟决明、糟蟹、糟羊蹄、酒蛤蜊、柔鱼、虾茸、鳒干者，谓之'家风'。又有卖酒浸江蜅、章举、蛎肉、龟脚、锁管、密丁、脆螺、鲎酱、法虾、子鱼、鲦鱼诸海味者，谓之'醒酒口味'。"

玉面狸即果子狸，当年（2003年）SARS疫情的罪魁祸首，据说十年后"冤情"得以平反。这次2019-nCoV病毒，不知罪魁祸首，究竟是谁？

周密这条记录中，既有"柔鱼"又有"锁管"。《淳熙三山志》与《武林旧事》的两条记录，我归纳的时间分别在2016年7月10日和2016年10月22日。梁克家是南宋宰相、大学者，周密乃南宋大文豪。出于谨慎，我在两条记录间加了一行大号字："芮注：???"

2017年6月17日记录：明朝李时珍《本草纲目》："乌贼鱼……【附录】柔鱼。〔颂曰〕一种柔鱼，与乌贼相似，但无骨尔。越人重之。"颂指苏颂，北宋宰相、药学家。

2018年11月22日记录：明朝屠本畯《闽中海错疏》："柔鱼，似乌鲗而长，色紫。一名锁管。"

2019年10月31日，清朝郭柏苍《海错百一录》校读归纳后，找到了答案：锁管是小鱿鱼，类似小黄鱼永远长不成大黄鱼，锁管也无法长成大鱿鱼。锁管又名琐管、小管。

《海错百一录》"柔鱼"条："亦作鰇鱼。似墨鱼，皮微紫。"

《海错百一录》"琐管"条："腹中有烟如墨鱼，而皮略紫。其管琐琐焉，似足非足，气通于管，重不越二三两。"

"其管琐琐"，"管"指触手，"琐琐"意细小；"重不越二三两"，重不超过二三两。如此，我把三年前的"???"改为"周密对，柔鱼和锁管是两类鱿鱼，如大黄鱼和小黄鱼"，并深深叹了口气！追踪三年，终于找到了答案。

周密此条中还有"章举"，刘恂《岭表录异》："章举，形如乌贼，闽、越间多采鲜者，炸如水母，以姜醋食之。"

李时珍《本草纲目》："章鱼【释名】章举。【集解】〔时珍曰〕章鱼生南海。石距亦其类，身小而足长，入盐烧食极美。"章举的大名是章鱼，李时珍并说"石距亦其类，身小而足长"，"其类"即章鱼之类，"足长"突出生物特点。至于味道嘛，李时珍说"入盐烧食极美"。

历代笔记的吃食记录，被我归成大、中、小、微类（参见本书《蝤蛑螯然》），因而古人之间抄来抄去的"劣迹"，都存在我电脑里。有了这个资本，哪天到了地下，拿着这个"变天账"，"敲诈勒索"，吃好喝好，舒舒服服再混个来生一辈子，没问题！

我到地下，敲到谁手上，没一个不敢认！先拿李时珍"开刀"，唐朝刘恂《岭表录异》："石矩，亦章举之类。身小而足长。入盐干烧食极美。"刘恂"入盐干烧食极美",比李时珍"入盐烧食极美"多一"干"字。只此一字，凸显我大中华饮食文化之博大精深！

入盐干烧，蒸其水分，韵其鲜韧。刘恂于馔饮之道，功力深厚。

石距又名石矩、石拒，明人冯时可《雨航杂录》："大者名石拒，居石穴。人取之，能以脚粘石拒人，故名。形如算袋，八足，长二三尺，足上魂礧戢戢如钉，每钉有窍。浮海砂中如死物，乌啄之即卷入水，嘘足钉啜之以饱。"

冯氏描述，石拒"长二三尺"（1米左右）；"形如算袋"，旧时盛墨以便写字算账的袋子；"八足"，故又名八爪鱼；"足上魂礧戢戢如钉，每钉有窍"，魂礧，山貌，意高低不平；戢戢，密集貌；"魂礧戢戢"意高低不平而密集。"每钉有窍"，膨胀螺丝见过吗？塑料膨胀管，开孔（窍）的那个样子，明白？

古文有时候都没法用大白话翻译，累得慌！"浮海砂中如死物"，指石拒的装死样子；"乌啄之即卷入水"，乌，李时珍释为五种：乌鸦、慈乌、雅乌、燕乌、山乌（《宝庆四明志》"乌贼"条："性嗜乌。每暴水上，有飞乌过，谓其已死，便啄其腹，则卷而食之，以此得名，言为乌之贼也。"并参见后"章巨"条）；"嘘足钉啜之以饱"，嘘是缓吐气，啜有吸食意。翻译成大白话：八爪鱼张开无数只足钉（有窍），缓缓地吐气、慢慢地吸饱。

他奶奶的，这是只妖怪八爪鱼啊！

文章写好，当晚发给黄慧鸣老师，她说："新林兄这篇有点搞脑子，得认认真真多看几遍。"不好，编辑大人客气，我不能当福气。第二天，对着四库全书再校一遍，没错。可"嘘足钉啜之以饱"总感觉不对劲，幸好"章鱼"条有备忘，《台州晚报》曾刊登《讲一讲台州"江海三宝"》一文："浙江《宝庆志》载：大者叫'石拒'，次者称'章举'，小者曰'望潮'。"（作者姓名略）查"宝庆"，今湖南邵阳市。浙江的《湖南志》，这不是有"病"嘛！好在经过五年校看笔记的摔打滚爬，很快查出"病源"源头——南宋《宝庆四明志》，宝庆是南宋年号，四明是宁波。

南宋罗濬撰《宝庆四明志》"章巨"条："大者曰石拒，居石穴。人或取之，能以脚粘石拒人，故名，亦曰章巨。次曰章举。石拒形似大算袋，八足，长及二三尺。足上突出魀碢戢戢如钉，每钉有窍。浮于海沙，布形如死。鸟乌啄之，卷以入水，嘘钉啜之以此充腹。其次者曰章举，亦曰章鱼。章举之又小者曰望潮，身一二寸，足倍之。又一种曰锁管，亦其类，脚短无钉。"

从大到小：石拒（章巨）、章举（章鱼）、望潮。又一种：锁管。

"嘘钉啜之以此充腹"，这才是看得懂的古人话！从文字上比对，冯时可无疑抄袭罗濬《宝庆四明志》（新林案：已略去

《雨航杂录》此条中更易混淆视听的文字)。但抄到世人看不懂，也算一种本事。

罗濬最后所谓"又一种曰锁管，亦其类，脚短无钉"，即前面提到的小鱿鱼，而非章鱼"其类"。足有"钉窍"，乃章鱼特征。

归纳之：墨鱼只一类。鱿鱼分两类，小者名"锁管、琐管、小管"。章鱼有三类：大者"章巨（石拒、石距、石矩、石蚷、蟑蚷）"，学名长蛸或巨型章鱼；次者"章鱼（鳟鱼、章举）"，学名真蛸或普通章鱼；小者"望潮（塗婆）"，学名短蛸。

我大学的专业是计算机及应用，并非海洋生物学。长蛸、真蛸、短蛸都是我从网上"学习"来的。但以"蛸"名"章"，古已有之，清朝训诂大家郝懿行《记海错》"八带鱼"条："此物海人名蛸。其口目乃在腹下，多足，如革带散垂，故名之八带鱼。脚下皆列圆钉，有类蚕脚。其力大者钉著船，不能解脱也。"

大家毕竟是大家，文字简练，形象生动，如见"蛸"容！

鱿鱼与墨鱼的最大区别："但无骨尔"（见上 2017 年 6 月 17 日记录），墨鱼"其背上只有一骨，厚三四分，状如小舟，形轻虚而白"（《本草纲目》）。我们小时候常把墨鱼骨取下，做成帆船，在洗澡的木盆里航行。墨鱼骨帆船，只能在木盆里打圈圈而已。

虽不能航，我心远矣！

章鱼与鱿鱼、墨鱼的最大区别：脚上有无"钉窍"。生卒与冯时可（1546—1619）相差无几的何乔远（1557—1631），所编《闽书》，描绘得细致简白而诱人，其"鳝鱼"条："……多足而长，皆环口。（足）上有圆文星联凸起。腹内有黄褐色，质知卵黄。有黑如乌鲗墨。有白粒如大麦，味皆美。"[注1]

何氏所编《闽书》一百五十四卷，索引极广（李时珍《本草纲目》亦同），不可能都写上被引用者的名字。

我只要点点鼠标，就查出《闽书》"鳝鱼"条多引用《闽中海错疏》，后者"鳝"条目曰："腹圆，口在腹下。多足，足长，环聚口旁。紫色。足上皆有圆文凸起。腹内有黄褐色，质如卵黄。有黑如乌鲗墨。有白粒如大麦，味皆美。〔案：鳝有腹无头。而俗以腹为头，非也。〕"[注2]

"质如卵黄""白粒如大麦，味皆美"，仅凭这两句，屠本畯甩无数美食家于身后！

屠氏毕竟非现代海洋动物学家，所言"腹圆"实乃章鱼胴部（躯体），"口在腹下"当表述为"口在胴下"。从逻辑上推理：口在哪头在哪，故"有腹无头"——错！"以腹为头，非也"——对，但是腹乃胴部也！明白？

予以为，头足纲即"头足相连，头顶躯体（胴）"。

《闽书》："又有石拒，似鳝鱼，一名八带，大者至能食猪，居石穴中。人或取之，能以足黏石拒人。"石拒巨大，超级章鱼，一口吞猪，恐怖至极！

　　我很好奇，猪吃饱了到大海里去干什么？

［注1］"……"，引号内省略文字："一名望潮鱼。广南有蟹亦名望潮，盖名同质异。紫色，腹圆。有腹无头，头在腹下。"（齐鲁书社《四库全书存目丛书》）新林案：后八字明显为病句，故《四库全书总目提要》批评是书"字句往往不可句读""多乖志例（新林案：见本文最后）""《明史》本传亦称'所撰《闽书》一百五十卷（案：书实一百五十四卷，盖刊本误脱一'四'字），颇行于世，然援据多舛'云"，故《闽书》未被《四库全书》收入，仅列入《四库全书总目提要·卷七十四·史部三十·地理类存目三》。

［注2］《闽书》起于万历壬子年（1612），成于万历丙辰年（1616）。何乔远《闽书·卷一百五十四·我私志》："予起壬子之冬，以及丙辰之春，首尾五年，论次成书。"《闽中海错疏》成书于万历丙申年（1596），屠本畯自序："夫水族之多莫若鱼，而名之异亦莫若鱼。物之大莫若鱼，而味之美亦莫若鱼。多而不可算数穷推，大则难以寻常量度。……本畯生长明州，盖波臣之国而海客与居，海物惟错类能谈之。……万历丙申春王正月屠本畯撰。"新林案："明州"，今宁波。"波臣"，波下之臣，意水中之族；"海客"，海上之客，意航海之人。"春王"即正月，"春王正月"乃书面语言。

何以娼名

我是上海人，靠近浙江，浙江有全国最大的舟山渔场。一些海鲜从小吃到大 [注1]，有的吃没了，比如大黄鱼。有的还在吃，带鱼、小黄鱼、乌贼鱼、车扁鱼。

车扁鱼，即是鲳鱼。如今时兴网购，内子一手操办，网购大鲳两条，先蒸其一。刚一上桌，已闻腥味。撰食一块背肉，太腥气了！内子亦皱眉头。没法入口，只好弃之。

我吃过的车扁鱼无数条，哪来腥气？"《闽志》称鲳鱼肉理细嫩而甘，马鲛肉稍涩，气腥而不及鲳"（明屠本畯《闽中海错疏》），"气腥而不及鲳"，意谓鲳鱼不气腥。上海人烧马鲛鱼，一般用咸菜烧，以去其腥。

很纳闷此鱼腥何其过？从冰箱里拿出另一条细观，比从小吃的车扁鱼偏长，颜色非青白而略金黄。再看包装袋，上书两字"金鲳"。我从小到大吃的车扁鱼大名银鲳，又名白鲳。

唐朝刘恂《岭表录异》："鲳鱼，形似鳊鱼，而脑上突起，连背而圆身，肉甚厚。肉白如凝脂，止有一脊骨。"白如凝脂，古人之绘，如鱼跃桌！刘恂所著《岭表录异》记述的是唐朝岭南地方以广东为主的珍奇草木鱼虫鸟兽和风土人情，刘恂称鲳鱼为鲳鱼。

古有传承，清屈大均《广东新语》曰："江海鱼之美者，语有曰："第一鮀，第二鰤，第三第四马膏鯙。"鰤是军曹鱼，马膏鯙是马鲛鱼。清朝的广州人认为江海之鱼，第一就是鮀鱼。李时珍认为"闽人讹为鮀鱼"，屈大均明明是广人，可谁叫他姓"屈"？

屈大均并说"肉厚而细，一脊之外，其刺与骨皆脆美"。刘恂"止有一脊骨"，屈大均多了"一刺"，刺怎么可能脆美？吾欲起屈大均于地下而一刺其喉！

车扁鱼几乎无刺（小刺小心为妙），肉厚而凝，最佳处在背上，女儿小时挑给女儿吃，女儿大了挑给内子吃。我喜欢吃车扁鱼的鳍，凡是荤的，边边角角乃我心爱。其实，车扁鱼最最好吃的是鱼头，其骨也脆，其髓亦鲜。

车扁鱼从古到今，都是海味佳品。渔汛亘古，渔获巨量。故平民亦得一馋膏吻，南宋吴自牧《梦粱录》："又有挑担抬盘架，买卖江鱼、石首、鲻鱼、时鱼、鲳鱼……等物。"

我挑车扁鱼是老手，用眼一瞄，就可决定是否买。鱼眼要黑亮而光，鱼身要青白而厚，鱼鳞要银闪而亮。七八两为大，四五两为次，二三两为小，呈落差价。大鲳红烧飨客，拿得上台面。次者清蒸、小者油煎，自家吃。清朝学者郝懿行亦曰"炙唼及蒸食甚美"（《记海错》）。

红烧要入味（大鲳入味不易），我姆妈一字不识，但于烹饪有天赋，任何菜到她手上，都能烧出殊味。红烧鲳鱼亦是姆妈传给我的，方法略写。清蒸要适时，不能蒸过头，过头则肉不凝弹。上笼蒸前，淋黄酒，撒盐，放姜片、葱即可，盐要匀撒。油煎要火候，火宜小，煎至两面金黄，撒上葱姜蒜粉、黑胡椒粉、盐即可。油煎微小车扁鱼，食其脆香！

车扁鱼，大名银鲳，各地叫法不同，古代名称也异。清朝李斗《扬州画舫录》："其苍鳊，勒鱼、红蓼鱼、鞋底鱼，则自海至也。"同朝施鸿保《闽杂记》："吾乡称鲳鳊鱼为命鱼。"从小到大，我都没搞清楚上海人为何把鲳鱼叫做车扁鱼。

李时珍《本草纲目》："鲳鱼【释名】〔时珍曰〕昌，美也，以味名。或云：鱼游于水，群鱼随之，食其涎沫，有类于娼，故名。"古人认为：鲳鱼游动，身后跟着一大群鱼，舔其身液，这不是娼是什么？

车扁鱼，我估计也与娼有关，车在沪语里读"搓"。后面一字，上海人可脑补。

李时珍是药学家，同一个朝代的海洋动物学家屠本畯，另有一说："鱼以鲳名，以其性善淫，好与群鱼为牝牡，故味美，有似乎娼。"（《闽中海错疏》）牝是雌，牡是雄，"牝牡"之意，我认为是雌鲳好与雄鲳烂淫。

娼淫而"味美"。我册那，屠本畯的思想很不纯啊！

[注1]《上海渔业志》："1973年春节，市区居民按户发券，定量对口供应。每户发给花色鱼券和一般鱼券各1张，大户（5

人及以上）每户3公斤；小户（4人及以下）每户2公斤。花色鱼和一般鱼各半供应。1982年春节，为普遍都能买到黄鱼，规定大户2公斤的花色鱼券中可购买黄鱼1公斤；小户1.5公斤的花色鱼券中可购买黄鱼0.75公斤。1983年春节，改为每户发券2张，大户3公斤，小户2公斤，其中黄鱼不分大小户，每户1公斤；其他花色鱼包括鲳鱼、鳓鱼、带鱼、鳗鱼等品种任意选购。"新林案：文中"黄鱼"指野生大黄鱼。

大小黄鱼

　　黄鱼又名黄花鱼，分大黄鱼和小黄鱼。大黄鱼和小黄鱼同属石首鱼科，却为两个不同的品种。据唐朝《吴地记》记载：吴王阖闾亲征夷人，入海逐之，据沙洲上，相守一月。粮食将尽，焚香祷天，忽见水上金色，逼海而来，捞漉得鱼，食之甚美。三军踊跃，夷人遂降。

　　"鱼出海中作金色，不知其名。吴王见脑中有骨如白石，号为石首鱼。"[注1] 这就是石首鱼名称的由来。阖闾是春秋末吴国君主，故我国馔食黄鱼的历史非常久远。

　　小黄鱼永远长不成大黄鱼。我小时候过年吃的野生大黄鱼（参见本书《何以娟名》注1），鲜美至极，如今几乎绝迹。2016年5月，在舟山野生大黄鱼拍卖会上，最大一条重4.1斤、长60厘米的"鱼王"拍出29800元的高价（最大的大黄鱼可达80厘米长）。

　　大黄鱼和小黄鱼的称呼，当始于民国，《上海鳞爪》"饭店弄堂"条："九江路外国坟山附近有一条弄堂，一面通南京路。这条弄里一共只有三四十家铺面，而饭店却占去十多家。他们的菜肴，如炒圈子、炒秃肺和咸菜烧小黄鱼、竹笋炖咸鲜肉是最著名的。"咸菜烧小黄鱼，即使到现在，依然是上海人餐桌上的平常家肴。

新鲜的小黄鱼，色金鳞亮，细盐清蒸，肉如蒜瓣，滑韧鲜柔。

民国时上海俗称十两重的金条为"大黄鱼"，一两重的为"小黄鱼"。

有清一代，无大小黄鱼之称，但已有统称：石首鱼、鲵、金鳞、黄鱼。晚清光绪十六年（1890）出版的《揭阳县续志》："石首鱼头中有石，《尔雅》名鲵鱼，俗名三牙，今皆呼金鳞。《物产志》一名黄鱼。"明清时，揭阳县隶属广东潮州府。

晚明何乔远编纂的《闽书》，卷一百五十一"南产志下"载："金鳞鱼，一曰石首，浙人谓黄瓜，亦名黄鱼。《尔雅翼》名鲵。"这是我看到历史记载中最早确定的"黄鱼"名称。

有明一代，黄鱼基本统称为石首、鲵、金鳞。明朝海洋动物学家屠本畯《闽中海错疏》记载："石首，鲵也，头大尾小，无大小脑中俱有两小石如玉。鳔可为胶。鳞黄，璀璨可爱，一名金鳞。朱口厚肉，极清爽不作腥。"

新鲜黄鱼，或大或小，金鳞耀艳，肉紧味鲜，清爽不腥。

无大小，是无论大小的意思。屠本畯把大黄鱼和小黄鱼均归为石首鱼。唐朝刘恂早有此意——随其大小，《岭表录异》："石首鱼，状如鳙鱼。随其大小，脑中有二石子如荞麦，莹白如玉。"

还有更早的呢！三国沈莹《临海水土异物志》"石首"条：

"小者名踏水，其次名春来，石首异种也。"从沈莹的描述推断，踏水（参见本书《小梅大头》）、春来，都是石首的异种（即别种）。

由此看来，古人所称呼的石首，既是通称（《闽中海错疏》），又是特称（《临海水土异物志》）。特称即大黄鱼！目前为止，我没有在古籍中确切[注2]看到过大黄鱼的长度和大小记录，但小黄鱼有！

南宋台州《嘉定赤城志》"石首"条："盛于春者曰'春鱼'，仅尺余。"（卷三十六土产·鱼之属）宋朝1尺＝31.4厘米，而小黄鱼最大可近40厘米。并由此断知，"春鱼"即"春来"。

2020年1月28日在家写《柔软之鱼》时，查南宋宁波《宝庆四明志》，发现"石首"与"春鱼"分而别为两条，不禁狂喜！"春鱼似石首而小，每春三月，业海人竞往取之，名曰捉春。"业，作业之意。"石首鱼一名鳆……三四月，业海人每以潮汛竞往采之，曰洋山鱼。舟人连七郡出洋取之者多至百万。"想象一下，波涛汹涌的大海上，百万人行帆驰舟，抛网捕捞大黄鱼，何其巍巍，又何其壮观也！

南宋绍兴《嘉泰会稽志》"石首鱼"条："《本草》云：和莼作羹，开胃益气。加盐暴干食之名为鲞。"又，"春鱼"条："春鱼似石首而小，岁以仲春至。"

春鱼"仲春至"，符合"春来"——春天是小黄鱼的主汛期；《闽中海错疏》"石首"条："四明海上以四月小满为头水，五月端午为二水，六月初为三水。其时生者名洋生鱼，其蝥鲞也。"符合鲞"加盐暴干食之"，小满乃夏季第二个节气，而夏季是大黄鱼的主汛期。

毫无疑问，古代大多数涉及黄鱼的著作，石首既是通称又是特称，作为特称，指的就是大黄鱼。屠本畯引《吴地志》云："石首鱼至秋化为冠凫，今冠凫头中犹有石也。"冠凫，指传说中由石首鱼变成的野鸭。《吴地志》一语成谶：

流水落花秋去也，人间再无大黄鱼！

[注1] 宋·范成大《吴郡志·卷五十·杂志》引《吴地记》云："阖闾十年，国东有夷人侵逼吴境。吴王大惊，令所司点军。王乃宴会亲行。……吴亦入海逐之，据沙洲上，相守一月。属时风涛，粮不得度。王焚香祷天，言讫，东风大震。水上见金色，逼海而来，绕吴王沙洲百匝。所司捞漉得鱼，食之美。三军踊跃，夷人一鱼不获，遂献宝物，送降款。……鱼出海中作金色，不知其名。吴王见脑中有骨如白石，号为石首鱼。"新林案：范成大所见《吴地记》，今本散佚。《四库提要》："《吴地记》一卷附后集一卷，旧本题唐陆广微撰。……则此书不出广微，更无疑义。"

[注2] 清·郝懿行《记海错》"石首鱼"条："鱼大者二尺许，小者尺许。京师人名大者曰同罗鱼，小者曰黄花鱼，皆巨口、

弱骨、细鳞，鳞作黄金色。"新林案：这条记录把黄鱼分为"大者""小者"。宋朝1尺＝31.4厘米，2尺＝62.8厘米，非常符合"60厘米的'鱼王'"长度。郝懿行《记海错》自序"时嘉庆丁卯戊辰书"，即撰于嘉庆十二年（1807）。可以肯定，清嘉庆年间（1796—1820），京师人所名"同罗鱼"即大黄鱼。

小梅大头

2017年春前某日，内子晚上回家，笑嘻嘻说买了小梅鱼。清洗的时候，见鱼色清亮，随口问了价钱，答曰二十元一斤。我说赚到了，产地恐怕一斤五十元不止。这几天都在下着淅淅沥沥的春前雨，甚是恼人。不过也亏了这天，小梅鱼才能以如此低价买到。

已有很多年没吃小梅鱼，如今的上海菜市场里少见。多见的是小黄鱼，无论新鲜、冰冻，一年四季都有。我嘴巴比较刁，对黄亮的青睐有加，那种暗灰色的小黄鱼，恕不纳受！海鱼，一定要吃新鲜的。

我年少时小黄鱼吃最多，其次是小梅鱼。这些小鱼在上市季节不值钱，惠而不费，是家庭主妇青睐的小菜。姆妈虽不识字，但做人家 [注1]，又懂得烧，更知道如何挑选小黄鱼和小梅鱼。小梅鱼是沪浙地区的叫法。

模糊的记忆缥缈，如小黄鱼和小梅鱼，虚化了它们的鱼身，映入眼帘的，是它们的鱼头！明人冯时可《雨航杂录》："鰻鱼，即石首鱼也。……最小者名梅首，又名梅童。"梅童鱼是小梅鱼的大名，童即娃娃，身躯较小、头大稚嫩。小梅鱼的确是石首鱼中的最小者。

小梅鱼小到什么地步？明海洋动物学家屠本畯《闽中海错疏》载："黄梅，石首之短小者也，头大尾小，朱口细鳞，长五六寸，一名大头鱼，亦名小黄瓜鱼。"明朝 1 尺 = 32 厘米，1 寸 = 3.2 厘米，六寸 = 19.2 厘米。小梅鱼最大不超过 20 厘米，是小黄鱼最大者之半。

屠本畯把"黄梅"作为小梅鱼的正名，因其色黄。

梅童鱼更有一种非常特别而久远的古称：踏水。三国沈莹《临海水土异物志》"石首"条："小者名踏水，其次名春来，石首异种也。"从沈莹的描述推断，踏水、春来，都是石首的异种（即别种）。也就是说，"石首"为大（大黄鱼的特称，见本书《大小黄鱼》），"春来"其次，"踏水"最小。

民国《台州府志》："最小者曰梅童，即踏水也。"（卷六十二物产略上·石首）

"踏水"是梅童鱼最古老的名称。

另，南宋《嘉泰会稽志》"石首鱼"条记载："《本草》云：和莼作羹，开胃益气。加盐暴干食之名为鲞。"又，"春鱼"条："春鱼似石首而小，岁以仲春至。"又，"梅鱼"条："梅鱼小于春鱼而头大，最先至。"三种鱼，区别得清清楚楚：石首鱼、春鱼（春来）、梅鱼 [注 2]。

梅鱼"最先至"，因此我和内子在"春来"之前，得尝此味。

清朝类书《格致镜原》："石首，小者名踏水，即梅鱼也。

似石首而小，黄金色，味颇佳，头大于身，人呼为梅大头。"
（卷九十二）

小梅鱼又得一小名：梅大头。虽然头大，但头不能吃。所有的黄鱼，头只是看着俊棱可爱。上海谚语"黄鱼脑子"，即讽刺人笨，只因黄鱼脑是空的。空的头有什么吃头！况且里面还有两粒硬耳石，弄不好一嘴咬下去，把牙都磕坏了，不合算。

新鲜的小梅鱼，头大、眼亮、身黄、鳞闪，以清蒸为上。头不能吃，但清蒸的时候还是别去掉，一条一条绕圈摆放在盘子里，黄灿灿，亮闪闪，身段佳，卖相好！

食之，味肉细绵，柔嫩欲化，如入"鲜"境！

［注1］沪语"做人家"，节俭。

［注2］绍兴市人民政府官网＞走进绍兴＞绍兴市志＞第十三卷农业＞第五章 渔业："……宋《嘉泰会稽志》、《刬录》记有海水品种有石首（大黄鱼）、春鱼（小黄鱼）、梅鱼、鲻鱼、比目鱼、乌贼、水母、蟹等8种……"

有鲔有鳢

"有鲔有鳢"出自《诗经·周颂》，鲔（wěi）即白鲟，鳢（zhān）即中华鲟，拙作《鲟鳇味极》（见《古人的餐桌》一书）曾详细描写过这两种我国珍贵的鲟鱼。题目虽曰"鲟鳇味极"，鳇只是顺带一笔。

郑玄《周颂谱》曰："周颂者，周室成功致太平德洽之诗。其作在周公摄政、成王即位之初。"周颂者，三千年前，其久远矣！

晋朝崔豹《古今注》："鲤之大者曰鳢，鳢之大者曰鲔。"除了鲔大鳢小，近乎白说。四川渔民俗谚：千斤腊子万斤象。"腊子"即中华鲟，"象"即白鲟。白鲟鼻子长，故"有鲔有鳢"，能分能辨。

鲟鳇就不同了，这两种大鱼比较相似，古代又没有鱼类学家，历朝历代多的是大文人、大食家，宋朝陶穀、周去非，明朝张岱，清朝李渔、纪晓岚、李斗等，个个学富五车，一不小心在"鲟鳇"上翻车。

陶穀《清异录》"食宠侯鲟鳇也"；周去非《岭外代答》"春水发生，鲟鳇大鱼，自南海入江"；张岱《陶庵梦忆》"海物矗矗（江豚、海马、鲟黄、鲨鱼之类）"；李渔《闲情偶寄》"食鲥鱼及鲟鳇有厌"；纪晓岚《阅微草堂笔记》"沈阳鲟鳇鱼，今尚重之"；李斗《扬州画舫录》"汪南溪拌鲟鳇"。

古代又没有标点符号，谁知道他们说的是鲟还是鳇。

有一天我碰巧看央视七频道（20130804 期）播《鲟鱼品种介绍》，颇有兴致，盯着屏幕目不转睛，眼耳俱用，心无旁骛。可越看越迷糊，越听越烧脑。鲟有中华鲟、白鲟、史氏鲟（黑龙江鲟）、达氏鲟（长江鲟）、俄罗斯鲟、西伯利亚鲟。

西伯利亚不在俄罗斯？怎么既有俄罗斯鲟，又有西伯利亚鲟？中华鲟不在长江里洄游？怎么还出现别名"长江鲟"的达氏鲟？

鳇名更让我惶恐：达氏鳇的别名居然是黑龙江鳇，而非长江鳇。

不过电视直觉，至少鳇鱼在我脑袋里有了大概形象：鳇鱼的头比较大，呈三角形，吻尖向上翘起呈透明状，通体无鳞，野生的最大者可达一吨重。

清嘉道大臣姚元之《竹叶亭杂记》："鳇鱼脆骨，鳇鱼头也。出黑龙江。余使沈阳，闻其土人云：'嘉庆十年前此物甚贱，一鱼头大者须一车载之，不过售钱五百。'自京中以此骨为美品，鱼头遂不肯售。"

"鳇鱼脆骨，鳇鱼头也。出黑龙江"，明确鳇鱼头骨脆，且出产自黑龙江；"以此骨为美品"，符合鳇鱼的头呈透明状，故脆而食美；一吨重的野生鳇鱼，鱼头占比大，故"一鱼头大者须一车载之"。古代的车，是牛车马车而非现在的重卡集卡。

鳇鱼脆骨要怎么烹饪才好吃呢？刨成丝，凉拌食。姚元之曾赴莫少空先生的宴席，规格颇高，席上设有此味。姚元之见识多广，撴一筷子，笑而品食。没想到座中有个莫先生的乡邻，"以为凉粉也"！

我第一次吃鱼翅，以为细粉也。

鳇鱼出黑龙江等流域，元忽思慧《饮膳正要》"阿八儿忽鱼"条："味甘，平，无毒。利五脏，肥美人。多食难克化。脂黄，肉粗，无鳞。骨止有脆骨。胞可作膘膠，甚粘。膘与酒化服之，消破伤风。其鱼大者有一二丈长（一名鲟鱼，又名鱣鱼）。生辽阳东北海河中。"阿八儿忽鱼即鳇鱼，"无鳞"是其特标。括弧内是忽思慧的自注，简直画蛇添足——全错！

2016年春节东北"天价鳇鱼事件"，使国人知晓了鳇鱼。但十三亿中不会超过一百人能认全所有的鲟鱼。"天价鳇鱼"还有价，若一不小心吃错了中华鲟，至少是个"无期"价啊！

纪晓岚搞不清鲟与鳇，他的学生赵慎畛师承亦佳："盛京之鱼肥美甲天下，而鳣鳇尤奇。巨口细睛，鼻端有角，大者丈计，可三百斤。冬日辇以充庖备赐，亦有售于市肆者，都人目为珍品。是鱼出黑龙等江，非钓所能得。"（《榆巢杂识》）盛京即今辽宁省沈阳市。

鳣读 xún，特指白鲟（参见拙作《鲟鳇味极》），泛与"鲟"同。南宋程大昌《演繁露》："王易《燕北录》云：'牛鱼，嘴长鳞硬，头有脆骨，重百斤，即南方鳠鱼也。'鳠、鲟同。"

我猜想，南方有的鲟鱼可能太胖，怕热，想找个凉爽处，寻着寻着就游到了北方。南方的鲟鱼游到北地来，那还了得！

一大群鳇鱼蜂拥而至，激情高昂地猛扑向几条可怜的鲟鱼——杂交出了鲟鳇鱼。

有鲟有鳇。没想到，有鲟鳇也！

蛇形之鱼

童年的记忆特别顽固，想忘却可时常盘旋脑海。人总是希望留存美好，偏偏这世界跟你唱反调。童年最可怕的印象，是隔壁老头子死忒，战战兢兢偷偷摸摸去看了他一眼，回家后晚上噩梦连连。从此再也不敢去看弄堂里谁家的死人。

还好弄堂里死的人都非凶杀，没有出现鲜血喷涌的大场面。

血淋淋的小场景却经常上演。我家门前的给水站（一根箒子一桶水），算弄堂里最开阔的场地，夏天的晚上躺满乘风凉的邻居。菜场麻皮爷叔的呼噜声，可以传到弄堂外。

等伊的呼噜声进入如心跳仪上的平线，我迷糊着也睡着了。早晨被隔壁阿婆家的鸡鸣叫醒（上世纪七八十年代，弄堂人家可以养鸡）。若碰巧阿婆家有人客来，定要叫麻皮爷叔帮忙杀鸡。杀鸡在弄堂里是件大事，杀人看不到，杀鸡看看也蛮有劲。

别说我冷血，从前，又不是我一个人喜欢看！

杀鸡于麻皮爷叔小菜一碟，伊的拿手绝活是杀甲鱼，筷子引甲鱼伸头，一刀精准，头落血飙，有点吓丝丝。吓管吓，看还是要看的，可惜那时吃得起甲鱼的人少！麻皮爷叔在菜场工作，得此便利，倒是每周上演一次活杀黄鳝的表演。

操作工具：一只长板凳。这个板凳有点古怪，一头木板上密密麻麻，与爷叔的麻脸交相辉映。夏天黄鳝长得肥腴而滑润，一般人捏不住，从前姚周的滑稽戏《学英文》称黄鳝"near vo what"（捏勿牢滑脱）。麻皮爷叔的手却古怪，老茧丛生，一手一条黄鳝，居然捏牢勿滑脱，丢到长板凳上，一根洋钉快速精准钉穿黄鳝的头（怪不得木板密密麻麻），吓得我心一抖。

黄鳝被一钉，倒似活了起来，开始扭动身体。不动还好，一动像极活蛇，害得我身体跟着颤抖。越怕越要看，只见麻皮爷叔伸手一刀，斩断扭动中黄鳝的尾巴，再一手捏牢，放血到另一手的搪瓷杯子里。我的鼻子有点异禀，一丈开外能闻到高粱老酒味（阿爸欢喜吃的那种高度廉价白酒）。

我只心搏搏跳！

滴速越来越慢，将近停止，只见麻皮爷叔拿起搪瓷杯子，晃了几下，一口喝光了黄鳝血。我是真真吓死，怕麻皮爷叔中毒而七孔流血，场面太恐怖！还好伊没死脱，杯子在板凳上一甩，拔出黄鳝头上的洋钉，一手捏牢黄鳝，一手用钉速划，黄鳝顿时骨肉分离。伊用洋钉划鳝丝的手法，比我年少后看武侠小说屠龙刀劈人要精彩。

麻皮爷叔懂经（参见《蟹酿堪醉》注1），《本草纲目》"鳝鱼"条："血，尾上取之。"麻皮爷叔的祖上行医，鼎革后父亲开个小诊所，后被取缔。麻皮爷叔既不算"地、富、反、坏、右"五类分子的后代，又因残疾（麻脸是天花后遗症）逃过了上山下乡，被分到菜场里杀猪。

许是祖上行医，麻皮爷叔家里有几本医书，也懂些医理，北宋唐慎微《证类本草》"鳝鱼"条引唐朝药学家陈藏器云："血，主癣及瘘，断取血涂之。"麻皮爷叔非但麻皮，脸上还有皮癣，他要是取血涂脸上，恐怕吓煞人。

麻皮爷叔一身力气，与长期吃鳝喝血不无关系。

麻皮爷叔筋骨好，清王士雄《随息居饮食谱》："鳝鱼，甘、热。补虚助力，善去风寒、湿痹，通血脉，利筋骨。"《本草纲目》："鳝鱼〔主治〕补中益血。"李时珍的前辈、明朝云南大儒及药学家兰茂所著《滇南本草》载："蟮鱼，添精益髓，壮筋骨。"

麻皮爷叔人到中年，一眼望去，血气方刚。子曰："君子有三戒：少之时，血气未定，戒之在色；及其壮也，血气方刚，戒之在斗；及其老也，血气既衰，戒之在得。"麻皮爷叔虽杀生，但从不与人斗（弄堂里的流氓看到伊，绕道而走）。

麻皮爷叔是宁波人，其父自诊所被取缔，携妻回乡务农，留下老母和一个独子。麻皮爷叔从小孝顺，进了"工矿"（菜场算"工"），每月要背一麻袋肉骨头（参见本书《骨间微肉》）、拎几斤肥多精少的肉，去一次老家。

回来后，全弄堂的人都要看伊活杀血鳝，血鳝鲜红鲜红，滴下的血鲜红得发亮，选杯血羹喝下，麻皮爷叔脸上通红，拎起长板凳就是一阵狂舞（据说血鳝热血当场喝下，要运功夫行血于脉，否则会逆而立毙）。

清赵学敏《本草纲目拾遗》："血鳝，出浙江宁波府慈溪县，以白龙潭产者为第一，他产者尾尖尚黑，不能通体如朱砂红也。葛三春言：'白龙潭血鳝，周身红如血，每年所产亦稀。取其血冲酒饮，可以骤长气力。行伍中学习入段锦工夫者，多服之。'增气力，壮筋骨，益血填髓。"（卷十·鳞部）

弄堂外有一练家子的山东人家，夏天经常可以看到一父三儿，赤胸露背，刀枪棍剑，舞弄全套。有次看到麻皮爷叔的板凳功夫，相当佩服，想与其义结金兰，麻皮爷叔指向搪瓷杯子，一家门摇摇头，缩出阿拉弄堂。

没有内家功力的人，断不敢喝血鳝血。1989年我大学毕业，离开生活了二十多年的三牌楼路。后来听人说，动迁时，山东人赤膊在动迁组长对面依次坐下，分得浦东四套房子（老破房一共10平方米）。

麻皮爷叔在家里等来动迁组四个人，一声不吭，鳝血滴进搪瓷杯子，一饮而下。动迁组脚骨发软，分拨伊南市三套老公房（老破房也一共10平方米）。麻皮爷叔当天出发，第二天就接爷娘从宁波回到上海。

爷娘一到上海，麻皮爷叔亲自下厨，一盘响油鳝丝端上桌子，热油浇洒鳝丝，油声嗞响，阿娘（奶奶的宁波称呼）、爷娘老泪六滴，相叹三声，"吃，即末（宁波话：今天）终于回上海了！"

响油鳝丝是一道经典的上海本帮菜，其实中国人食鳝的历史远矣！《梦粱录》"分茶酒店"条，记载有"炒鳝、石首鳝生、银鱼炒鳝、虾玉鳝辣羹"，鳝（shàn），《说文》："鱼名。"什么鱼？清人段玉裁《说文解字注》："鳝，鳝鱼也。今人所食之黄鳝也。黄质黑文，似蛇。《异苑》云：'死人髪化。'其字亦作鱓。俗作鳝。"

南宋大儒罗愿《尔雅翼》："鳝，似蛇而无鳞，黄质黑文，体有涎沫，生水岸泥窟中。所在有之，或云荇芩根及人髪所化，然其腹中自有子，不必皆物化也。状既似蛇。又，夏月于浅水中作窟，如蛇冬蛰而夏出，故亦名蛇鳝。"哪里有死人头发化为活物的！大儒就是大。

毫无疑问，"鳝"即"鳝"，段玉裁《说文解字注》中别出一字——"鱓"（shàn）。唐大食家段成式《酉阳杂俎》："何胤侈于味，食必方丈。后稍欲去其甚者，犹食白鱼、鱓腊、糖蟹，使门人议之。"何胤是横跨刘宋、南齐、南梁三朝的风云人物，"食必方丈"形容吃得阔气，后来稍许收敛，但"鱓腊"不可不食。

"鱓腊"即鳝鱼干，估计也为"增气力，壮筋骨，益血填髓"。段成式既是大食家，又是大说家："郸县侯生者，于沤麻池侧得鳝鱼，大可尺围，烹而食之，发白复黑，齿落更生，自此轻健。"

小说家可比不上大说家，后者是往大里说！腰围一尺的鳝鱼，谁人敢吃？还"发白复黑，齿落更生"，死到临头，二次发育？

大说家有一点确乎真实，就是"鮰"字，从古到今，认识它的人非常少！大百科全书作者沈括《梦溪笔谈》载："余尝见丞相荆公喜放生，每日就市买活鱼，纵之江中，莫不洋然；唯鳅、鮰入江中辄死，乃知鳅、鮰但可居止水。"鳅（qiū），泥鳅、海鳅（鲸鱼），此处指泥鳅。

丞相荆公指王安石，放生不科学——"纵之江中"，一"鮰"入江，必死无疑，为何？科学家沈括说"可居止水"，黄鳝只能在死水中活命。如今每年有一次长江放苗野生中华鲟的"壮举"，几十万尾中华鲟涌入吴淞口，可是高坝难越，故乡（长江上游金沙江段）难回，悲歌可以当泣，远望何以当归！

鳝丝味美，源于吃口，滑韧而绵，下酒妙品。"满汉席"是盐商宴请乾隆的盛席，南宋绍兴二十一年（1151），张俊家宴宋高宗，有过之而无不及。近两百道菜中，明确的鳝鱼之馔，二款："鳝鱼炒鲎"和"南炒鳝"（南宋周密《武林旧事》）。鲎（hòu）是比恐龙还古远的海洋动物，别论。"南炒鳝"也许是如今响油鳝丝的"前身"。

皇帝爱吃，百姓也喜，北宋孟元老《东京梦华录》"州桥夜市"条："出朱雀门，直至龙津桥。自州桥南去，当街水饭、燠肉、干脯、王楼前獾儿、野狐肉、脯鸡、梅家、鹿家鹅鸭鸡兔、肚肺、鳝鱼、包子、鸡皮、腰肾鸡碎，每个不过十五文。"

看看这些吃食，就知是下酒的小菜，而且还特别便宜。南宋吴自牧《梦粱录》"面食店"条，记载有"炒鳝面"。我每年去苏州，踏进面馆，一份鳝丝浇头、一份虾仁浇头、一份焖肉、一瓶啤酒。焖肉埋红汤面下一分钟，撩起横咬，咬一口焖肉，喝口啤酒；舀一匙虾仁（苏州虾仁都是小小的），喝口啤酒；撩一根鳝丝，喝口啤酒。啤酒吃光，焖肉吃光，虾仁吃光，鳝丝浇头倒进汤面，拌一拌，乃末吃面、喝汤、吃鳝丝。面光汤光鳝丝光！

　　耳边传来四十年前姚慕双、周柏春在孤贫岁月里带给上海人的欢乐：汤吃光，菜吃光，汤吃菜吃，汤吃菜吃汤吃菜吃——光！（用沪语说，锣镲俱响，悠悠回荡……）

第四辑　其他

烧尾宴

士子初登荣进及迁除，朋僚慰贺，必盛置酒馔音乐以展欢宴，谓之『烧尾』。

——［唐］封演《封氏闻见记》

腌腊熏香

上海人所谓的大年夜，即腊月三十。子曰"不时不食"，过年的时味，是腌腊之味："腊月内可盐猪羊等肉。"（《梦粱录》）现代人讲究健康，腌制品多食无益。可是一到过年，不吃点盐腌时货，年味似乎太过寡淡。

中国人过年的腌品，多到数不过来，仅其制法，"腌"倒众生：腊、鲊、糟、醉、菹、齑等。菹又作葅（zū），齑又作齑（jī）。

每到过年，想念天上的阿爸姆妈。姆妈做的腌鸡，天下一绝，绝到我半夜醒来，去碗橱（无冰箱的时代）里拿出一块，再钻进温暖的被窝，慢啃慢咽慢滋味。棉被里弥散的腌香，似乎被岁月包裹着，从未散去。

姆妈不识字，可无论什么吃食，到了她手里，总能变成美味。她做腌鸡手法甚简：活杀公鸡一只，洗净挂起，粗盐、花椒小火文炒，待冷却后，抹擦于鸡身各部。之后放入大缸，压上镇石。三天三夜，待腌鸡出水，吊到屋北檐下风干……

忽的一日，鼻翼翕动，能闻到檐下的腌香，大年也就来了。

腌鸡清蒸，腌香肆意，年味浓郁。

后唐冯贽《云仙散录》："彭几嗜鸭腊，未曝前三日，置镇石之下。"腌腊之法，简而归之三步骤。第一"腊月内可盐"，第二"置镇石"，第三"曝"干（曝是晒干，风是风干）。

腊月腌腊，时也。古人嗜腊者，不时也腌："卢记室多作脯腊，夏则委人于十步内，扇上涂饧以扑蝇。脯以青纱障隔尘土，时人呼为'猎蝇记室'。"（《云仙散录》）记室是负责撰写章表文檄的高级文员。古人比较文明，夏天苍蝇多，不用敌敌畏［注1］，"扇上涂饧（饧，最古老的糖）"，苍蝇闻饧而扑，一扇一个准。苦了扇蝇人，累了一双手。

腊，《说文》"干肉也"。脯又何解？吃过猪肉脯的能明白，予谓之"薄干肉也"。腊味制作的最后一步，乃"干"。仅此"干"法，古人因时因地，有曝干风干熏干。

其一曝干："凡诸般肉，大片薄批。每斤用盐二两，细料物少许，拌匀，勤翻动。腌半日许，榨去血水。香油抹过，蒸熟。竹签穿，悬烈日中，晒干，收贮。"（元无名氏《居家必用事类全集》"夏月收肉不坏"条）腌腊之品，日曝而香。

其二风干："每斤用盐半两，一盏川椒、莳萝，茴香少许，细切葱白，腌五日，翻三四次。用细索穿挂透风处。候干，纸袋盛。"（《居家必用事类全集》"腌猪舌"条）腌腊之品，风吹而韵。

其三熏干："肉三斤许作一段。每斤用净盐一两，擦令匀入缸。腌数日……挂当烟头处熏之。日后再用腊糟加酒拌匀，表裹涂肉上。再腌十日。取出，挂厨中烟头上。若人家烟少，集笼糠烟熏十日可也。其烟当昼夜不绝。"（《居家必用事类全集》"婺州腊猪法"条）腌腊之品，烟熏而隽。

梁实秋先生说"湖南的腊肉最出名"，"真正上好腊肉我只吃过一次"，《雅舍谈吃》："我特地到厨房参观，大吃一惊，厨房比客厅宽敞，而且井井有条一尘不染。房梁上挂着好多鸡鸭鱼肉，下面地上堆了树枝干叶之类，犹在冉冉冒烟。原来腊味之制作最重要的一个步骤就是烟熏。微温的烟熏火燎，日久便把肉类熏得焦黑，但是烟熏的特殊味道都熏进去了。"

我也去过湖南，东施效颦，"真正上好腊肉我只吃过一次"，确乎其真。湖南腊肉有一种特殊的别的腊肉没有的烟熏味（之所以印象深刻是刚好戒烟成功）。但梁先生所说"原来腊味之制作最重要的一个步骤就是烟熏"，予显然是不赞同的，也无法赞同，因证据在上。

鲊（zhǎ）字从鱼，明朝乐昭凤《洪武正韵·卷九》："鲊：酿鱼肉为菹也，亦作鮓。"鮓仅比鯗（同"鲞"）少一撇，这一撇即是风。鱼鯗（xiǎng）风干而腌，鱼鲊（zhǎ）阻风而腊。东汉刘熙《释名》："菹：阻也。生酿之，遂使阻于寒温之间，不得烂也。"菹又作葅。

"阻于寒温之间"则必有容器，宋朝周去非《岭外代答》"老鲊"条："南人以鱼为鲊，有十年不坏者。其法以鱼及盐面杂渍，盛之以瓮，瓮口周为水池，覆之以椀，封之以水，水耗则续。如是，故不透风。鲊数年生白花，似损坏者。凡亲戚赠遗，悉用酒鲊，唯以老鲊为至爱。"

这个瓮，即今泡菜坛子。周去非没说坛子里封水，如此而知，泡菜坛子做鱼鲊，最早乃干腌法。

菹本身是一种更古老的腌制法。《诗经·小雅·信南山》："中田有庐，疆场有瓜。是剥是菹，献之皇祖。"毛亨释"是剥是菹"为"剥瓜为菹也"。郑玄注："淹渍以为菹。"许慎《说文》："菹，酢菜也。"酢（zuò），酸也。瓜菹，即腌制的酸瓜。

清人段玉裁《说文解字注》："菹：酢菜也。（酢，今之醋字。菹须醯成味。周礼七菹：韭菁茆葵芹菭笋也。郑曰：凡醯酱所和，细切为齑，全物若牒为菹。少仪麋鹿为菹，则菹之称菜肉通。玉裁谓：齑菹皆本菜称，用为肉称也。）"郑指郑玄。齑又作齏（新林案：《说文》未收入"齑""齏"字）。

段氏这段文字解释起来繁复，予试以简述：菹（葅）（zū）、齏（齑）（jī）都是酸菜，前者是"整腌"菜，后者是"碎腌"菜（参见拙著《古人的餐桌》之《芥辛之美》）。"少仪麋鹿为菹"出自《礼记·少仪》"麋鹿为菹"，可解释上一句"全物若牒为菹"，牒，薄切肉也。整鹿切薄片亦可菹，则菜、肉皆可菹，故段玉裁谓"齑菹皆本菜称，用为肉称也"。

事物随着时光的流逝，会起变化，食物亦如此。北宋赵令畤《侯鲭录》："细切曰齑，全物曰葅。今中国皆言齑，江南皆言葅。"齑和葅，如今大多数人都读不出。所以我认为：今中国皆言腌。

大年夜是阖家团圆的日子，清朝褚人获《坚瓠集》："家字从宀、从豕，言无豕不成家也。"豕，猪也。中国人吃年夜饭，猪肉是一定少不了的（忌食别论）。从古至今，禁吃猪肉，仅此一例："正德己卯，武宗南巡禁宰猪。"（明人沈德符《万历野获编》）

皇帝一声令下，大家不许吃猪 [注2]。百姓为之奈何？上有政策，下有对策：

"民间将所畜无大小俱杀以腌藏"！

[注1] 百度"毒火腿"：2003 年，拥有 1200 年历史，被称为"世界火腿之冠""活文物"的浙江金华火腿，正遭受着一场空前未有的信用危机：一些利欲熏心的火腿生产厂家，为了不让火腿生虫生蛆，居然使用"敌敌畏"浸泡猪腿，以有效防止苍蝇靠近。苍蝇确实被有效击退了，但金华火腿的信誉也受到了巨大影响。

[注2]《明武宗实录·卷之一八一·正德十四年十二月》载："乙卯（新林案：当为'己卯'），上至仪真。时上巡幸所至，禁民间畜猪，远近屠杀殆尽；田家有产者，悉投诸水。是岁，仪真丁祀，有司以羊代之。"《万历野获编·卷一·禁宰猪》："时武宗南幸，至扬州行在。兵部左侍郎王宪抄奉'钦差总督军务、威武大将军、总兵官、后军都督府、太师、镇国公朱'钧帖：'照得养豕宰猪，固寻常通事。但当爵本命，又姓字异音同。况食之随生疮疾，深为未便。为此省谕地方，除牛羊等

不禁外，即将豕牲不许喂养，及易卖宰杀。如若故违，本犯并当房家小，发极边永远充军。’”新林案：荒唐明武宗自封自号为“钦差总督军务、威武大将军、总兵官、后军都督府、太师、镇国公”。武宗出生于辛亥年，“当爵本命”，这年恰是猪年；“姓字异音同”，“猪”与“朱”字异音同。

四时点心

"新冠"时期,在家里"闷"(张文宏医生名言"把病毒闷死"),自我隔断,以阻疫情。

隔离在家的日子,太好过。每天早上,八九点钟的太阳泻过窗帘,慵懒而起。洗漱过后,享用"丰盛"的早餐,或泡饭配五六碟酱菜,或切片面包烤至金黄脆口,或葱油拌面配自制咸浆,或机制肉包配冲烧酸辣汤。

饭毕洗手,盘碟且堆碗池中。泡上一壶热茶,或龙井,或观音,或苦荞。阳台上一躺,外面零度,台里二十度(阳台封了窗),惬意而舒适。内子和我因"新冠"均居家办公,她是真办公,我是没公办。

茶喝喝,书看看,文作作,就是出门受老罪:N95 口罩既闷又勒——勒鼻子勒下巴勒耳朵。特别是耳朵,时间一长,生疼。日子太好过("不知我心者谓我无忧"),逝者如斯夫。午饭简餐,小眯些时。醒来翻翻书,阳光已偏西。内子弄来点心,就着茶吃,不亦乐乎!

"点心"一词,最早见诸唐朝,孙颀《幻异志·板桥三娘子》:"有顷鸡鸣,诸客欲发。三娘子先起点灯,置新作烧饼于食床上,与诸客点心。"

"鸡鸣"时"与诸客点心",符合元大家陶宗仪对点心的定义:"今以早饭前及饭后、午前、午后、晡前小食为点心。"(《南村辍耕录》)鸡鸣人未醒,诸客欲早发,且与尔点心。"晡"即申时,下午三到五点。古人早起早睡,"晡前"意晚饭前。

陶宗仪对点心的定义,有主谓宾定。"今以早饭前及饭后、午前、午后、晡前小食为点心":主语"小食",谓语"为",宾语"点心",定语"今以早饭前及饭后、午前、午后、晡前"。

我中学语文不好,主谓宾经常搞错,但永远拎得清定语:能在后面狠狠加上个"的"而读得下去,加的时候要坚定果敢,不行加两三个亦可!试试看:"今以早饭前及饭后、午前、午后、晡前的……的……的……小食为点心。"虽然有些结巴,但的确读得很通顺!

及至民国,定语"早饭前及饭后、午前、午后、晡前的……的……的……"一概省略,郁慕侠《上海鳞爪》"神秘的北四川路"条:"还有膳宿方面的大旅社、菜酒馆、西餐馆、宵夜店、点心店,也很多很多。"主语"点心店";定语"还有膳宿方面的",定类其型,非定其时;"也很多很多",不知是谓是宾?

点心无"定",延续至今。沪上点心,可早、可午、可晚、可夜,亦可饭前,也可饭后,四时无定,故《上海通志》记载:"1949 年 5 月,上海市区有点心店摊 1.1 万余个;1955 年,市区有点心店摊 23020 户。"

只要点心店开门或点心摊亮灯（新林案：如今的点心摊，出摊时间为深夜，以避城管），沪人会随时入店或落座，点一碗小馄饨，或来一块粢饭糕。踏店入门或深夜寻摊，肚子咕叫者少，心里念馋者多。故，上海的点心（古言"小食"，今曰"小吃"），大多精致而味美（参见拙著《小吃大味》）。

点心无"定"，非自民国。早在南宋，"市食点心，四时皆有，任便索唤，不误主顾"（吴自牧《梦粱录》）。"市食"，市售之食。市食点心，即市售点心。"四时"[注1]，指一日的朝、昼、夕、夜。朝夕相处，昼夜交替，一日逝矣！

"四时皆有，任便索唤"道出南宋都城临安的繁华。"东南形胜，三吴都会，钱塘自古繁华。烟柳画桥，风帘翠幕，参差十万人家。"北宋柳永少年成名之作，便是这阕《望海潮》。"十万人家"至南宋已近"四十万"，《梦粱录》"户口"条："杭城今为都会之地，人烟稠密，户口浩繁……《咸淳志》：九县共主客户三十九万一千二百五十九，口一百二十四万七百六十。"《咸淳志》即《咸淳临安志》[注2]。

一百多万人的市食点心，"四时皆有，任便索唤"。南宋都城杭州的繁华，超乎想象！

《梦粱录》"天晓诸人出市"条："每日交四更，诸山寺观已鸣钟。……最是大街一两处面食店及市西坊西食面店[注3]，通宵买卖，交晓不绝。缘金吾不禁，公私营干，夜食于此故也。御街铺店，闻钟而起，卖早市点心，如煎白肠、羊鹅事件、糕、粥、血脏羹、羊血、粉羹之类。冬天卖五味肉粥、七宝素粥；夏月卖义粥、馓子、豆子粥。……孝仁坊口，水晶红白烧酒，曾经宣唤，其味香软，入口便消。六部前丁香馄饨，此味精细尤佳。早市供膳诸色物件甚多，不能尽举。"

"面食店"在古在今，均属小吃点心，《1996 上海年鉴》："上海小吃历史悠久，品种繁多，大致可分 8 大类：菜肴类、粥类、面馄饨类、饭类、包子类、糕团类、汤羹类、油炸类等。"《梦粱录》"面食店""荤素从食店（夹注'诸色点心事件附'）"条，均有 130 件左右的点心。

"四更"是凌晨一至三时，"金吾不禁"指夜不宵禁。古代不宵禁的朝代，唯有赵宋。赵宋也是文化科技最昌盛、文人骚客最多的时代，故陈寅恪先生说："华夏民族之文化，历数千载之演进，造极于赵宋之世！"

文化盛则文人盛，文人盛则诗赋盛，诗赋盛则酒酣盛，酒酣盛则馔饮盛，馔饮盛则衣食盛，衣食盛则文化盛，文化盛则国祚盛。

盛于天下之宋，胸襟何其开阔！"艺祖（赵匡胤）受命之三年，密镌一碑，立于太庙寝殿之夹室，谓之誓碑"（陆游《避暑漫抄》），靖康之变，"门皆洞开，人得纵观"，誓碑"誓词三行"：一关于柴氏子孙；二"不得杀士大夫及上书言事人"；三"子孙有渝此誓者，天必殛之"。

"黄金榜上，偶失龙头望。……青春都一饷。忍把浮名，换了浅斟低唱。"[注4]柳永文采焕然，"台词"如戏：大幕拉开，开锣怨念"黄金榜上，偶失龙头望"，锵——锵——锵……压轴潇洒"一饷"，压台隐恨"忍把浮名，换了浅斟低唱"，锵——锵——锵，大幕关闭。

要不是在宋朝，这戏刚唱完，下台就得人头落地啊！

曲终人散，尽入夜幕，深阑寂静，幽曲回荡！听戏之人要的就是这帘夜幕。夜不宵禁，繁荣了宋朝的夜市，带动了娱乐和餐饮行业。

北宋《东京梦华录》"东角楼街巷"条："自宣德东去东角楼，乃皇城东南角也。……东去乃潘楼街……以东街北曰潘楼酒店。其下每日自五更市合，买卖衣物书画、珍玩犀玉。至平明，羊头、肚肺、赤白腰子、奶房、肚胘、鹑兔鸠鸽野味、螃蟹蛤蜊之类讫，方有诸手作人上市，买卖零碎作料。饭后饮食上市，如酥蜜食、枣锢、澄砂团子、香糖果子、蜜煎雕花之类。向晚，卖河娄头面、冠梳领袜、珍玩动使之类。"

"宣德"指东京大内正门"宣德门"，宣德门前大街，东接潘楼街，"以东街北"是指潘楼街的东段街北，而潘楼是东京最古老而繁华的酒店（南宋耐得翁《都城纪胜》"酒肆"条载"五代郭高祖游幸汴京潘楼"）。

"东角楼街巷"条可观宋朝商业之发达：大酒店除自家开门生意，允许小贩"四时"在店面前摆摊："自五更〔四时之夜〕

市合"，半夜里第一批小贩"买卖衣物书画珍玩犀玉"定点开市（"市合"）；"至平明〔四时之朝〕"，天亮前第二批"羊头、肚肺、赤白腰子、奶房、肚胘、鹑兔鸠鸽野味、螃蟹蛤蜊之类讫（结束）"；天亮〔四时之昼〕，"方有"第三批"诸手作人上市，买卖零碎作料"；"（午）饭后"，第四批"饮食上市，如酥蜜食、枣䭅、澄砂团子、香糖果子、蜜煎雕花之类"；"向晚〔四时之夕〕"，第五批"卖河娄头面、冠梳领抹、珍玩动使之类"。

第二批、第四批都是点心买卖。

第二批的点心"羊头、肚肺、赤白腰子、奶房、肚胘、鹑兔鸠鸽野味、螃蟹蛤蜊之类"，左看右看均是下酒馔食，对！北宋旧风，飘移南宋，前文《梦粱录》"天晓诸人出市"条，有一句"孝仁坊口，水晶红白烧酒，曾经宣唤，其味香软，入口便消"。

第四批是午后的点心，以甜点为主。北宋的"酥蜜食"，南宋《西湖老人繁胜录》释之曰："酥蜜裹食，天下无比，入口便化。"

这个烧酒"入口便消"，那个酥蜜"入口便化"。到今儿来，"入化"成体，到处流行。美食主持，口痒难耐，"入口即化"，频频脱口。犹记几年前，微博一女司机，开车不慎，说他老公那个"入口即化"，引得全微欢腾，网络几为瘫软！

潘楼是东京最古老而豪华的酒店，近皇城根，门前一街谓

"潘楼街"。要闹之处，人流频往，客源充备。潘楼前场地，"四时"五批，遵时运作，诞生了中国最早的契约精神，而使两宋经济高度发达。

"东角楼街巷"条亦可观宋朝娱乐之发达："……以东街北曰潘楼酒店。……东去则徐家瓠羹店。街南桑家瓦子，近北则中瓦，次里瓦。其中大小勾栏五十余座。内中瓦子莲花棚、牡丹棚，里瓦子夜叉棚、象棚最大，可容数千人。"瓦子，即瓦市、瓦肆、瓦舍，相当于超级综合商场，勾栏、棚则类似商场里的影、剧院。象棚显然是有大象表演的剧院（杂技场）。

南宋《西湖老人繁胜录》"瓦市"条可释之："南瓦、中瓦、大瓦、北瓦、蒲桥瓦。惟北瓦大，有勾栏一十三座。"瓦市（超级商场）内有勾栏、棚（影、剧院），最大的北超级商场，有十三个影剧院。

超级综合商场，光有影剧院不够，还得有饮食点心店，《西湖老人繁胜录》中"瓦市"条："惟北瓦大，有勾栏一十三座。……十三应勾栏不闲，终日团圆。内有起店数家，大店每日使猪十口，只不用头蹄血脏。"北瓦内有起店（饮食点心店），大店日消十头猪，可供食千人，则北瓦估算可容数千人，与《东京梦华录》"象棚最大，可容数千人"相当。

《西湖老人繁胜录》"起店"条："铺羊、三鲜、炒鸡、桐皮、浇皮、盒生、虾燥、三刀、棋子、火燠、经带、铺鸡、造羹、盐煎、饦饳、馄饨、带汁煎、羊泡饭、生熟烧。"桐皮、虾燥、三刀、棋子、经带等都是面。看戏要紧，吃面既省时又经济且美味。

《东京梦华录》"东角楼街巷"条以"瓦中多有货药、卖卦、喝故衣、探搏、饮食、剃剪、纸画、令曲之类，终日居此，不觉抵暮"结束，顺笔带过"饮食"。

"东角楼街巷"条仅简单介绍"瓦子"，详细记载则见"京瓦伎艺"条："崇观以来，在京瓦肆伎艺：……"，后面紧跟一大串各路名角。崇观即崇宁、大观，宋徽宗年号。

各路有"小唱""嘌唱〔注5〕""杂剧""悬丝傀儡（提线木偶）""杂手伎〔注6〕""毬杖""踢弄""讲史（说书）""舞旋""影戏""说诨话（脱口秀）"等，"其余不可胜数"。

名角有"小唱李师师、徐婆惜、封宜奴、孙三四等"，更有那"杖头傀儡任小三，每日五更头回小杂剧，差晚看不及矣"。五更是半夜三点至黎明五点，"头回"指开场。杖头傀儡即杖头木偶，以看为主。晚到者只能听剧兴叹。

五更开场，演员不能饿着肚子上场，观众也需填饱肚子进场（或有边啃猪爪边举手大声叫好喝"耶"者）。于是乎，东京的宵夜点心登场，《东京梦华录》"州桥夜市"条载："出朱雀门，直至龙津桥。自州桥南去，当街水饭、爊肉、干脯，王楼前獾儿野狐肉、脯鸡，梅家鹿家鹅鸭、鸡兔、肚肺、鳝鱼、包子、鸡皮、腰肾、鸡碎，每个不过十五文。曹家从食。至朱雀门，旋煎羊白肠、鲊脯、爊冻鱼头、姜豉、剗子、抹脏、红丝、批切羊头、辣脚子、姜辣萝卜。夏月麻腐鸡皮、麻饮细粉、素签、沙糖冰雪冷元子、水晶皂儿、生淹水木瓜、药木瓜、鸡头穰、沙糖绿豆甘草冰雪凉水、荔枝膏、广芥瓜儿、咸菜、杏片、梅子姜、莴苣笋、芥辣瓜儿、细料馉饨儿、香糖果子、间道糖荔枝、越梅、镟刀紫苏膏、金丝党梅、香枨元，皆用梅红匣儿盛贮。冬月盘兔、旋炙猪皮肉、野鸭肉、滴酥、水晶鲙、煎夹子、猪脏之类。直至龙津桥须脑子肉止，谓之杂嚼，直至三更。"[注7]

写到此处，正当五点，夕阳已落，予肚虫馋。校读历代笔记（饮食部分）五年来，予练就十行一目"食文"的功夫。果然有猪爪（"辣脚子"）卖，予亦甚喜在电影院啃猪爪，吃相虽难看，但亦无人观。

孟元老所谓"杂嚼"，犹言小吃、点心。州桥夜市"直至三更"，可赶去看那"杖头傀儡任小三，每日五更头回小杂剧"，锵——锵——锵，"差晚看不及矣"！

予作此文，如在北宋南宋间来回穿越，真个是："梦里不知身是客，一晌贪欢！"

[注1]《左传·昭公元年》："君子有四时：朝以听政，昼以访问，夕以修令，夜以安身。"新林案：此言出自子产（公孙氏，

名侨，字子产）。子产"不毁乡校（学校兼民众聚会议事的场所）"，为孔子所称赞。《左传·襄公三十一年》有记载。韩愈写过一篇《子产不毁乡校颂》，最后四个字：我思古人！

[注2]《咸淳临安志》，南宋地方志。宋度宗咸淳（1264—1274）时潜说友纂修。《咸淳临安志·卷五十八·户口》："今主客户三十九万一千二百五十九，口一百二十四万七百六十。"新林案："客"指外来人口，人性化的称呼。

[注3]《梦粱录》"面食店"条："向者汴京开南食面店，川饭分茶，以备江南往来士夫，谓其不便北食故耳。南渡以来，几二百余年，则水土既惯，饮食混淆，无南北之分矣。"新林案：金灭北宋，改都城东京为"汴京"。吴自牧是南宋人，故所记"西食面店"乃"备西北往来士夫"。

[注4]南宋吴曾《能改斋漫录·卷十六》："仁宗留意儒雅，务本理道，深斥浮艳虚薄之文。初，进士柳三变，好为淫冶讴歌之曲，传播四方。尝有《鹤冲天》词云：'忍把浮名，换了浅斟低唱。'及临轩放榜，特落之，曰：'且去浅斟低唱，何要浮名！'景祐元年方及第，后改名永，方得磨勘转官。"

[注5]嘌唱，南宋程大昌《演繁露》："凡今世歌曲，比古郑、卫又为淫靡，近又即旧声而加泛艳者，名曰'嘌唱'。"新林案："郑、卫"即《诗经》之《郑风》《卫风》，儒家视为"靡靡之音"。子曰"郑声淫"；《礼记·乐记第十九》："郑、卫之音，乱世之音也。"

［注6］杂手伎，北宋魏泰《东轩笔录·卷二》："丁谓有小智……一日，宴宫僚于斋厅，有杂手伎俗谓弄碗注者，献艺于庭。"

［注7］新林案：东京三重城圈（类似北京三环），宫城（大内）、里城、外城。"宣德门"是大内正门，"朱雀门"是里城正门。州桥夜市，始"自州桥南去"，过"朱雀门"，终"直至龙津桥（出里城）"止。夜市一路行过之"王楼""梅家鹿家""曹家从食"皆北宋里城品牌名店。再案：伊永文《东京梦华录笺注》是目前为止《东京梦华录》最详解版。伊先生花费二十年心血，却在重要章节"州桥夜市"的句读上出现失误："姜辣萝卜。夏月麻腐鸡皮"误作"姜辣萝卜、夏月麻腐鸡皮"，前"夏月"当对应后"冬月"，甚惜！又，"曹家从食"当断为"句"，而伊先生误作"逗"。

菜谱疑案

1980年代是个美好的年代，经历我的少年、青年，记忆我的故乡、旧情。其情之一，去新光、永乐宫、武警会堂、上译厂看内参片（"内部参考电影"的简称）。我印象中最深刻的电影：《尼罗河上的惨案》。

作为一个"60后"，当年该片既满足了我对于谋杀案的想象，又满足了我对于侦破过程的好奇。不过后来并未入警校，血淋带滴，看看电影蛮有劲，要是来真的，吓煞人！

事分为二，侦探当不成，当侦探的情节，却在心里落了根。

2015年始读历代笔记（饮食部分），至今已超三百本，积累近二百万原始文字并归成：大类、中类、小类、微类。归类之细，连我自己都很惊讶！

归着归着，发现以前根本不知何物的吃食，原来是这个，或那个。归着归着，会归出惊喜，比如龙虾（参见本书《贵虾姓龙》）。这种发现和惊喜，伴随着对未知的探寻，带着那么点"侦探"的意味！

"大侦探"不是那么好当的！2020年3月5日，硬着头皮校看《调鼎集》，一本近二十万字（用电脑数过）的菜谱。菜谱与笔记有别，六十多万字的《徐霞客游记》，被我一目十行快速扫描，连看带校并归类，用时仅四天（馔饮记录总共数十条）。

菜谱菜谱，每字每句，与饮馔有关，故字字必校。《调鼎集》1970年代末在北京图书馆善本部被偶然发现前，是一部手抄本。直至1983年，江苏省扬州商业技工学校标注小组首次出版《调鼎集上》（清·童岳荐馔、张延年执笔）。1986年，中国商业出版社出版《调鼎集》（清·佚名编、邢渤涛注释）；1988年，中州古籍出版社出版《调鼎集》（清·童岳荐编撰、张延年校注）。

《调鼎集》总共十卷，目录即达六十页。卷一（新林案，无标题），首条为"酱"，谱名略举：芝麻酱、乌梅酱、玫瑰酱、米酱、西瓜甜酱、面甜酱、自然甜酱、蚕豆酱、黄豆酱、黑豆酱、八宝酱等。谱录举一："乌梅酱，乌梅一斤洗净，连核打碎，入沙糖五斤拌匀，隔汤煮一炷香。伏天取用，消暑。"

之后是数十条"酱油"（喜欢打酱油的可一一校看），接着数十条醋，醋后是糟，糟后是油、盐、姜、蒜等，"醋"20条，"姜"18条。我一边校看，一边切齿，很想骂人，可人家在地下——听不见！

卷二"戏席铺摆、进馔款式"（中国商业出版社标注条目，中州古籍出版社为"铺设戏席部"），等校到"全猪（共一百零样式）"，我吃了一大惊，赶紧吞下一粒保心丸。咬咬牙，校！校着校着，眼睛突然发亮："哈儿巴"。好像是"满汉席"

里的菜名（参见本书《色如琥珀》）。我记性很差，能记住只因"哈巴狗"太有名。

"哈儿巴"（"满席"条却书"哈尔巴"）给我打了强心针。终于，凭着坚强的毅力和勇往的傻劲（后面居然还有350道猪菜谱），在2020年5月28日，把全书校看完毕。近二十万字啊，字字斑斑泪！又费时一个月全部归类。

《调鼎集》这本前无古人后无来者宏大壮阔的菜谱，既非"佚名"编，也非"清童岳荐"独撰。这就要从一张菜单（菜单与菜谱，犹"《致爱丽丝》"之于"《致爱丽丝》钢琴谱"）说起，这张菜单就是那个含"哈儿巴"的从古到今最有盛名最具历史价值的菜单，李斗《扬州画舫录》里记载的"满汉席"。

此席乃扬州盐商请宴乾隆皇帝的盛席，总共一百多道南北极致菜肴。说到盐商，不得不提一人，《扬州画舫录·卷九》："童岳荐，字砚北，绍兴人。精于盐荚，善谋画，多奇中，寓居埂子上。"盐荚，即盐务。"精于盐荚"，《扬州画舫录》提到的盐商不止童氏一人。"善谋画，多奇中"，李斗给予很高评价。李斗是才子，大才子袁枚给其书作序，文末落款："乾隆五十八年腊月望日，随园袁枚撰。时年七十有八。"大才子已成老才子。

"乾隆五十八年"，1793年。"时年七十有八"，可以想见袁枚撩起花白的胡子，得意洋洋之情，墨透纸背。袁枚的《随园食单》也于前一年镂印〔小仓山房刊本，乾隆壬子镂。新林案：乾隆壬子，乾隆五十七年（1792）〕。

序中云："及得此书，卧而观之，方知闲居展卷，胜于骑鹤来游也。"那是客套话，"卧而观之"，把"满汉席"校对十遍？"闲居展卷"，知道"哈儿巴"是啥吗？"骑鹤来游"，李斗把人家的字写反了，老才子知乎？

童岳荐，非字砚北，而字北砚，《调鼎集》"特牲部"条："猪肉最多，可称广大教主，宜古人有特豚馈食之礼，作特牲部。北砚氏漫识。"北砚氏，童岳荐自称。漫识，随手记载。

李斗作为才子，把人家的字写反，怪只怪段成式："段成式书云：'杯宴之余，常居砚北。'盖言几案面南，人坐砚之北也。"（宋张邦基《墨庄漫录·卷十》）

"杯宴之余，常居砚北"，段成式主业"杯宴"，副业才是"砚北"（墨砚作文）。段氏的《酉阳杂俎》，后世文人读者众。我校看的三百多本历代笔记，唐以后历代大家，多会提一笔"段成式曰"或"段柯古云"。段成式，字柯古。

李斗想当然，手一抖，北砚成砚北。许你"砚北"，就不许我"北砚"？可每天朝北看着个砚台，总觉得少了些情调。童岳荐是盐商，在商言商，要什么情调？盐粒白花花，银子花花白，这才是情调。没钱，调个屁情！

我写此文，非为童氏之"字"平反，而为一探《调鼎集》究竟著于何人？此书既非"佚名"编，亦非童岳荐独撰。故稍加笔墨，索性来个波洛式"大侦探"。

二十万字的《调鼎集》，出现"北砚"两次，前次已论，后次附之："牛、羊、鹿三牲，非南人家常时有之物，然制法不可不知，作杂牲部。北砚氏识。"（《调鼎集·杂牲部》）

童岳荐自己说不算数，我"大侦探"光听你自述不行，还得要有旁证。

清赵学敏《本草纲目拾遗》"药制柑橘饼"条："《北砚食规》：用元明粉、半夏、青盐、百药草、天花粉、白茯苓各五钱，诃子、甘草、乌梅去核各二钱，硼砂、桔梗各三钱，上俱用雪水煎半干，去渣澄清取汤，煮柑橘，炭橐微火烘，日翻二次，每次轻轻细捻，使药味尽入皮内。如捻破则不妙。能清火化痰，宽中降气。"

《调鼎记》"柑桔（化痰清火）"条："玄明粉、半夏、青盐、百药煎、天花粉、白茯苓各五钱，诃子、甘草、乌梅去核各二钱，硼砂、桔梗各三钱，以上俱用雪水煮半干，去渣澄清，取汤煮柑桔，炭火微烘，翻二次。每次轻轻细捻，使药味尽入皮内，如捻破水出，即不妙矣。"

元明粉即玄明粉。上两条文字几乎一模一样，前条多一句"能清火化痰，宽中降气"，那是医家语，赵学敏为之，甚恰。

《本草纲目拾遗》"荸荠粉"条，更证据确凿："《童北砚食规》：出江西虔南，土人如造藕粉法制成，货于远方，作食品，一名乌芋粉，又名黑三棱粉。甘寒无毒，毁铜销坚，除腹中痞积，丹石蛊毒，清心开翳，去肺胃经湿热，过饮伤风失声，疮毒干紫，可以起发（《北砚食规》）。"

括弧内是赵学敏自注，特别标明：《北砚食规》即《童北砚食规》。由此可见，《北砚食规》在《本草纲目拾遗》出炉前，小范围有一定传播和影响力。

赵学敏《本草纲目拾遗》小序："乾隆乙酉八月，钱唐赵学敏恕轩，题于双砚草堂。"乾隆乙酉，乾隆三十三年，1765年。钱唐，即钱塘。赵学敏，字恕轩。

《本草纲目拾遗》成于1765年，早于袁枚《随园食单》的1792年。怎么又扯上袁枚，难不成《随园食单》与《调鼎记》也有关系？

有，大大的有！

《随园食单》"家乡肉"条："杭州家乡肉，好丑不同，有上、中、下三等。大概淡而能鲜，精肉可横咬者为上品。放久即是好火腿。"

《调鼎集》"家香肉"："出杭州。切方块，同冬笋煨，或同黄芽白菜煮，加大虾米。家香肉须用盐卤长浸得味。又，家香肉好丑不同，有上中下三等，大概淡而能鲜，肉可横咬者为上品，陈久即是好火腿。"

《调鼎集》的后半部分与《随园食单》一模一样。《调鼎集》既然成书早于《随园食单》，难不成大才子抄袭一个盐商的菜谱？

别急，再来一条。又扯进一人，谁？李渔，什么书？《闲情偶寄》。

《调鼎集》"斑鱼（七月有，十月止）"条："状类河豚而极小，味甘美柔滑，无骨，几同乳酪。束腰者有毒。斑鱼最嫩，剥皮去秽，分肝、肉二种，以鸡汤煨之，起锅时多加姜汁、葱，杀去腥味。"

《闲情偶寄》"零星水族"条："有一种似鱼非鱼，状类河豚而极小者，俗名'斑子鱼'，味之甘美，几同乳酪，又柔滑无骨，真至味也。"反正李渔吃过的，袁枚都要尝尝。李渔（1611—1680），袁枚（1716—1798）。

《随园食单》"班鱼"条："班鱼最嫩，剥皮去秽，分肝、肉二种，以鸡汤煨之，下酒三分、水二分、秋油一分。起锅时加姜汁一大碗，葱数茎，杀去腥气。"

《调鼎集》"斑鱼"条＝《闲情偶寄》"斑子鱼"条＋《随园食单》"班鱼"条。一个人不可能跨世纪（李渔、袁枚差一百年）同时去抄两个人的书，那么暂且是一种可能：李渔和袁枚都乃伪君子，抄袭《调鼎集》。但两人似乎约好了，抄得不一样！

接着再来，一查到底。

《随园食单》"尹文端公家风肉"条："杀猪一口，斩成八块，每块炒盐四钱，细细揉擦，使之无微不到。然后高挂有风无日处。偶有虫蚀，以香油涂之。夏日取用，先放水中泡一宵再煮，水亦不可太多太少，以盖肉面为度。削片时，用快刀横切，不可顺肉丝而斩也。此物惟尹府至精，常以进贡。今徐州风肉不及，亦不知何故。"

《调鼎集》"风肉"条："杀猪一口，斩成八块，每块用炒盐四钱，细细擦揉，使之无微不到，然后高挂有风无日处。偶有虫蚀，以香油涂之。夏日取用，先放水中泡一宵再煮，水不可过多过少，以盖肉面为度。片肉时，用快刀横截，不可顺肉丝而切也。此物惟尹府至精，常以进贡。今徐州风肉亦不及，不知何故。"

简直一模一样啊！袁枚一世英名，难不成毁在一条"风肉"上？

尹文端公是谁？尹继善，谥"文端"。雍正元年进士，历官编修，云南、川陕、两江总督，文华殿大学士兼翰林院掌院学士（详见《清史稿·列传九十四·尹继善传》）。《清史稿·袁枚传》云"时尹继善为总督，知枚才，枚亦遇事尽其能"，尹继善乃袁枚恩师，故袁枚知晓"尹文端公家风肉"的制作方法。

综上所述，本"大侦探"断案如下：《调鼎集》为童岳荐及其后代（或后来）持有《童北砚食规》者，在《食规》基础上，添抄名人著作内容的一本菜谱。

袁枚的名誉恢复！

《清史稿·列传二百七十二·袁枚传》载："袁枚，字子才，钱塘人。幼有异禀。"枚长大后："乾隆四年，成进士，选庶吉士。"枚当官后："丁父忧归，遂牒请养母。卜筑江宁小仓山，号随园，崇饰池馆，自是优游其中者五十年。"枚成名后："著随园集，凡三十余种。上自公卿下至市井负贩，皆知其名。"最后，枚被盖棺："然枚喜声色，其所作亦颇以滑易获世讥云。卒，年八十二。"

袁枚"喜声色""以滑易获世讥"。

我给他恢复名誉了，可历史不给啊！

外来香料

外来香料的名字比较古怪，阿魏、荜芨、罗勒、毕澄茄、马思答吉，等等。这些还都是正名，别名更令人感到稀奇，比如阿魏叫阿虞、哈昔泥（《本草纲目》），小名亦怪，"伽阇那（国）呼为形虞""波斯国呼为阿虞截"（《酉阳杂俎》）。伽阇那，今印度地区。

很多年前第一次读梁实秋先生的《雅舍谈吃》，头篇文章《烤羊肉》有两个字我不认识：芫荽。梁先生的《雅舍谈吃》文字简雅、风趣幽默，读来既不费神，又添雅趣。就是"芫荽"两字频频出现，颇为恼人。

多读几遍，能明白是香菜。香菜我经常吃，火锅调料必不可少。上海有家面馆，现炒浇头大肠面，须撒大把香菜而得至味。有一阵香菜价格奇高，店家不供应，我就自带。乘地铁，边上靓女频频瞟眼于我。瞟就瞟呗，皱什么眉！

外来香料气味浓郁，明屠本畯有赋赞曰："相彼芫荽，化胡携来。臭如荤草，脆比菘苔。肉食者喜，藿食者谐。惟吾佛子，致谨于斋。或言西域兴渠别有种，使我罢食而疑猜。"（《野菜笺》）"臭如荤草"，臭是嗅之意，闻上去"荤"得很！

"化胡携来"，从西域（胡）化缘（化）而来，李时珍《本草纲目》："胡荽【释名】香荽、蒝荽。〔时珍曰〕荽，张骞使西域始得种归，故名胡荽。今俗呼蒝荽，蒝乃茎叶布散之貌。俗作芫花之芫，非矣。"

胡荽是正名，别名"蒝荽"，李时珍认为"俗作芫花之芫，非矣"。忽思慧是元朝太医，绝非俗人，《饮膳正要》"芫荽"条："味辛，温，微毒。消谷，补五脏不足，通利小便。一名胡荽。"废"蒝"存"芫"，自元已始。

《饮膳正要》另有"香菜"条："味辛，平，无毒。与诸菜同食，气味香，辟腥。"既有"芫荽"，又出"香菜"，可断定后者绝非如今的香菜。李时珍与忽思慧同行，观点时异时同："罗勒【发明】〔时珍曰〕《饮膳正要》云，与诸菜同食，味辛香能辟腥气。"罗勒香到什么地步？"〔禹锡曰〕二十步内即闻香。"（《本草纲目》）禹锡指掌禹锡，北宋医药家。

二十步内即闻香，这才是真正的香菜！

还有更香的？有！《饮膳正要》"马思答吉"条："味苦、香，无毒。去邪恶气。温中、利膈、顺气、止痛、生津、解渴，令人口香（生回回地面，云是极香种类）。"明谢肇淛《五杂组》："又有马思答吉者，似椒而香酷烈，以当椒用。"

"极香种类""香酷烈"都是形容词，"极"，极致也。"似椒"，花椒香，胡椒辛。花椒原产中国，别论。胡椒字"胡"，外来者也。胡椒的外国名字亦古怪，叫"昧履支"，《酉阳杂俎》："胡椒，出摩伽陀国，呼为昧履支。形似汉椒，至辛辣。六月采，今人作胡盘肉食皆用之。"摩伽陀国，今印度地区。

"胡盘肉食"，今人吃牛排：三分熟，带血丝。盘子浅，带刀叉。进食前，猛撒粉（黑胡椒粉）。呛人得很！

胡椒刚进入中国，非常珍贵，以致唐代宗宰相元载被抄家时，家里居然藏了九百石胡椒（估计得好几十吨），唐李绰《尚书故实》记载最早："元载破家，籍财货诸物，得胡椒九百石。"[注1] 这个元载也真是的，家里藏那么多胡椒，连床上都呛人，就不考虑"夫妇之道，人伦之性"吗？

及至明朝，李时珍谓"今遍中国食品，为日用之物也"，并发现叫"毕澄茄"的外国香料"与胡椒一类二种"，《本草纲目》："毕澄茄【释名】毗陵茄子。〔时珍曰〕皆番语也。"番语即外语。胡椒气味特殊，带着很猛的外国气息，有点像我小时候在城隍庙闻到的味道（参见拙著《古人的餐桌》之《麝獐之香》）。

李时珍对外国香料颇有研究，后又发现一种"气味正如胡椒"的香料，名字亦古怪，叫"荜茇"，《本草纲目》："荜茇【释名】荜拨。〔时珍曰〕荜拨当作荜茇，出《南方草木状》，番语也。陈藏器《本草》作毕勃，《扶南传》作逼拨，《大明会典》作毕茇。又段成式《酉阳杂俎》云：摩伽陀国呼为荜拨梨，拂林国呼为阿梨诃陀。【集解】南人爱其辛香，或取叶生茹之。复有舶上来者，更辛香。〔时珍曰〕段成式言青州防风子可乱荜茇，盖亦不然。荜茇气味正如胡椒，其形长一二寸，防风子圆如胡荽子，大不相侔也。"

荜茇也是外语，别名一大堆：荜拨、毕勃、逼拨、毕茇、荜拨梨、阿梨诃陀。

段成式简直太牛，到处能见到他老人家的身影："又青州防风子可乱毕拨。"（《酉阳杂俎》）"可乱"意"可混淆"，其人简直是无所不通！但李时珍否定了段老的定论，曰："防风子圆如胡荽子，大不相侔也。"侔是"等同"。小李的意思：荜茇"形长"，防风子形"圆"。

绕来绕去，又绕到胡荽，屠氏之赋"惟吾佛子，致谨于斋"，言佛家子弟不能食荤。"或言（有人说）西域兴渠别有种"，佛戒"五荤"之一乃"兴渠"，但屠氏吃不准是否芫荽（清人阮葵生吃准了也错）[注2]，故"疑猜"别有种，何种？"佛家以大蒜、小蒜、兴渠、慈葱、茖葱为五荤。兴渠，即阿魏也。"（《本草纲目》"蒜"条）

阿魏究竟犯了什么错，被打入"五荤大牢"？

《本草纲目》："阿魏【释名】阿虞、熏渠、哈昔泥。〔时珍曰〕夷人自称曰阿，此物极臭，阿之所畏也。波斯国呼为阿虞，天竺国呼为形虞，《涅盘经》谓之央匮。蒙古人谓之哈昔泥，元时食用以和料。其根名稳展，云淹羊肉甚香美，功同阿魏。见《饮膳正要》。【集解】〔恭曰〕阿魏生西番及昆仑。体性极臭而能止臭，亦为奇物也。"

"蒙古人谓之哈昔泥"，哈昔泥是蒙语，忽思慧《饮膳正要》"哈昔泥"条："味辛，温，无毒。主杀诸虫，去臭气，破症瘕，下恶除邪，解蛊毒。即阿魏。"又"稳展"条："味辛，温苦，无毒。主杀虫去臭。其味与阿魏同。又云，即阿魏树根。腌羊肉香味甚美。"稳展是阿魏树根，"其味与阿魏同"，臭不可闻！"腌羊肉香味甚美"，去膻力强，故香美肆意，简直神乎！

〔恭曰〕，恭指苏恭，唐代药学家。"体性极臭"，其臭缥缈，百步熏人。"能止臭"又是何意？元无名氏《居家必用事类全集》"煮诸般肉法"条云："败肉入阿魏同煮。"腐肉能去臭味并入食，简直化腐朽为神奇！

"体性极臭"的阿魏，被佛家打入"五荤大牢"，说来也不冤。冤的是荒菱，被道家和练形家一并打入大牢："五荤即五辛，谓其辛臭昏神伐性也。练形家以小蒜、大蒜、韭、芸薹、胡荽为五荤，道家以韭、薤、蒜、芸薹、胡荽为五荤。"练形家乃方士，古代养生专家，以求超脱成仙！

胡荽的错胜过阿魏，被两家同时打入"五荤大牢"！胡荽还有一个别名叫"香荽"，北宋高承《事物纪原》"胡荽"条："《博物志》曰：张骞使大夏，得胡荽。《邺中记》曰：石勒改曰香荽。"这一别名，只因后赵皇帝石勒（胡人）忌讳"胡"字，而改名香荽。

胡荽最后一个别名，叫"园荽"，南宋梁克家《淳熙三山志》"胡荽"条："《湘山集》：'胡荽，即园荽也。'人或谓之香荽。"《湘山集》指北宋僧人文莹所著《湘山野录》。

僧人讲起开车故事，一本正经，不露声色："冲晦处士李退夫者，事矫怪，携一子游京师，居北郊别墅，带经灌园，持古风外饰。一日，老圃请撒园荽，即《博物志》张骞西域所得胡荽是也。俗传撒此物，须主人口诵猥语播之则茂。退夫者固矜纯节，执菜子于手撒之，但低声密诵曰：'夫妇之道，人伦之性'云云，不绝于口。"

"俗传撒此物，须主人口诵猥语"，要边撒种子边说猥语，无奈李退夫"固矜纯节"，矜持纯洁，书呆得很，不会猥语（如今曰"开车"，参见本书《四时点心》），故轻声密诵"夫妇之道，人伦之性"，撒几粒，说一句。反复颂之，不绝于口。

故事还没完："夫何客至，不能讫事，戒其子使毕之。其子尤矫于父，执余子咒之曰：大人已曾上闻。"有客人来，荽子还未撒完（"讫"），关照儿子完成任务（"戒其子使毕之"），无奈其子更矫矜（"尤矫于父"），拿着余下的荽子（"执余子"），咒曰："我家大人不都说给您听过了嘛！"

故事的结局是这样的，"皇祐中，馆阁以为雅戏，凡或淡话清谈"，宋仁宗皇祐年间，馆阁（北宋掌管图书经籍和编修国史等事务，工作枯燥）同仁，休息之余，喝茶聊天，淡话清谈时，则曰：

"宜撒园荽一巡。"

[注1]《新唐书·列传第七十·元载传》："籍其家，钟乳五百两，诏分赐中书、门下台省官，胡椒至八百石，它物称是。"

[注2]清·阮葵生《茶余客话》"五荤"条云："按释氏以大蒜、小蒜、兴渠、慈葱、茖葱为五荤，兴渠即荽。"

各式筵席

又到年末，请邀纷至沓来，即如我等无权无势者，亦受邀两份：中学同学、乐队老友。请柬省略，微信拉群，默声而发。到了年关，若无任何邀约，未免有些失落；若是请柬纷至，恐又分身无术。

清人薛福成《庸盦笔记》"河工奢侈之风"条："幕友终岁无事，主人夏馈冰金，冬馈炭金，佳节馈节敬。每逾旬月，必馈宴席。"幕友是明清时地方军政官署中协助办理文案、刑名、钱谷等事务的人员。"佳节馈节敬"，有权有势者，吃饭乃过场，"节敬"不谦让。

天天受邀吃饭，早已"无下箸处"。非若我等，吃的是真饭，谈的是真情。酒后喝醉，亦不怕人录音。众人聚宴，谓之燕集、筵席、宴席。如今的宴席，带有"请宴"之意，规格档次略升其高，比如中国婚宴、各国国宴，前者掏份子，后者显面子。

筵席一词，出自《诗经》，"肆筵设席"（《诗经·大雅·行苇》）。肆，陈也。大白话就是摆放筵席。汉之前，古人均席地而坐。"筵"是铺在地上的大席子，"席"是每个人自己坐的小席子［注1］。

筵席分官宴和私宴，古之宴席，名目繁多，不可悉录。乡饮酒[注2]、烧尾宴、曲江宴、汤饼会、满汉席，还有那个鸿门宴。

烧尾宴，见诸唐人封演笔记："士子初登荣进及迁除，朋僚慰贺，必盛置酒馔音乐以展欢宴，谓之'烧尾'。"（《封氏闻见记》）迁，升迁；除，任命，不是"除去"。除去官职还庆贺个啥！

烧尾宴，亦见之于史，《新唐书·列传第五十·苏瓌传》："时大臣初拜官，献食天子，名曰'烧尾'，瓌独不进。"宰相苏瓌有气节，向皇帝解释："今粒食踊贵，百姓不足，卫兵至三日不食，臣诚不称职，不敢烧尾。"

烧尾宴盛耀于唐，传名于后，与一份菜单不无关系。唐朝宰相韦巨源进"烧尾食"[注3]，请宴唐中宗李显，五十八道菜均堪称极品，代表当时唐朝饮食文化的最高水准。北宋开国大臣、大食家陶穀得到这份菜单，详细记载于《清异录》。

古有两席最著名的宴请。一乃"满汉席"，是盐商请宴乾隆；二乃张俊家宴，是张俊请宴宋高宗。清朝"满汉席"一百多道南北极致菜肴，南宋张俊家宴有过之而无不及：两百多道天下美味极馔。两席若非分别被清朝李斗《扬州画舫录》和南宋周密《武林旧事》所记载，恐怕早已消失在历史的长风里。

菜单的作用大得很啊！菜名我就省略了，抄一遍比相声"报菜名"还累。若要校对就更累，既对不起自己，也对不起编辑大人。

曲江宴盛于唐朝，是皇帝赐宴群臣、新科进士的筵席。王定保，唐昭宗光化三年（900）进士。所著《唐摭言》十五卷，详细记载了唐朝科举制度及相关遗闻逸事。新科进士放榜后，有一系列燕集，"宴名"有"大相识、次相识、小相识、闻喜（敕士宴）、樱桃、月灯、打球、牡丹、看佛牙、关宴（此最大宴，亦谓之'离筵'，备述于前矣）"。

括弧内是王氏自注。敕，皇帝的诏令。闻喜宴，唐朝新科进士在放榜后，被皇帝赐宴于曲江亭，又名曲江会 [注4]。关宴，唐朝进士关试后所举行的宴会，王氏谓之"此最大宴"，为何？科举由礼部主持，关试由吏部定夺（好比高考由教育部主持，国考由中组部录用）。

王氏"备述于前"，更为详细："俱捷谓之'同年'。……既捷，列名于慈恩寺塔谓之题名，大燕于曲江亭子谓之'曲江会'（曲江大会在关试后，亦谓之'关宴'。宴后，同年各有所之，亦谓之为'离会'）。籍而人选谓之'春关'，不捷而醉饱谓之'打氁毵'。"（《唐摭言·述进士下》）

考得好的，得个官差。考得差的（不捷），终归郁闷［氁毵（mào sào）］。唐朝下第举人，打起氁毵来颇为豪爽："曲江大会比为下第举人，其筵席简率，器皿皆隔山抛之，属比之席地幕天，殆不相远。"（《唐摭言·散序》）这些落第举人的群体性行为，颇有点寻衅滋事的腔调。

倒不如，"忍把浮名，换了浅斟低唱"。

浅斟低唱：Happy Birthday To You！摆汤饼会（汤饼即面条的祖宗，参见拙著《古人的餐桌》之《汤饼不托》），生日歌总是要唱的。古人唱不唱生日歌不知道，生日宴一定要摆："吴梅村晚年精于星命之学，连举十三女，而公子暻始生。时唐东江孙华为名诸生，年已及强仕（壮年），赴汤饼会，居上座。梅村戏云：'是子当与君为同年。'唐意怫然。后戊辰暻举礼部，东江果同榜。"（《茶余客话》）

吴伟业（号梅村）[注5]，连生十三个女儿，最后拼了老命，博得一子，大摆筵席。唐孙华，别字东江，年近三十未"举"，但已为"名诸生"，故能"居上座"。吴氏"晚年精于星命之学"，与唐氏戏言"是子（我儿）当与君为同年"（同榜进士谓之"同年"）。唐氏看着摇篮里的小娃娃，怫然勃怒（"意怫然"），心里恨不得掐死这个"同年"娃娃！

梅村算得很准啊！康熙二十七年戊辰科（1688），吴暻第二甲，唐孙华第三甲，两人同榜进士。时年吴暻二十六岁，唐孙华（1634—1723）五十四岁。唐孙华仰望榜单，百感交集，老泪纵横，悔不当初：去赴这个"同年"娃娃的汤饼会。

有些筵席，想去无门；有些筵席，想逃无路，比如红白请柬。清人梁绍壬《两般秋雨盦随笔》载："湖南麻阳县某镇，凡红白事，戚友不送套礼，只送分金，始于一钱而极于七钱，盖一洋之数也。主人必设宴相待，一钱者止准食一菜，三钱者三菜，五钱者遍肴，七钱者加箉。故宾客虽一时满堂，少选，一菜进，则堂隅有人击小钲而高唱曰：'一钱之客请退。'于是纷然而散者若干人，三菜进，则又唱曰：'三钱之客请退。'于是纷然而散者又若干人，五钱以上不击，而客已寥寥矣。"

麻阳县某镇的红白事，份子钱（分金）一、三、五、七不等，馔食数量亦从一菜、三菜升至遍肴、加箉（加菜）。后面的文字，我读来读去读不通！古文中有承启之句，必有接应之言。"故宾客虽一时满堂"是承启之句，"少选"（一会儿），"一菜进"（上了一菜），怎么刚上菜，就敲锣（"小钲"）让人退席呢？

清人的笔记照说很好理解，我怎么就读不通呢？"故宾客虽一时满堂"，后面应当有一句接应的结束语。我读了大约十遍，终于领悟出梁绍壬兄用语之妙！从"少选"到"五钱以上不击"要读得非常——快而轻而迅而急，一气呵成，再深深吸上一口气，吐出洪亮的"而客已寥寥矣"！

不信您试试看，前呼后应："故宾客虽一时满堂……而客已寥寥矣。"Perfect，完美无缺。读得快最多喘不上气，可是菜一上锣就响请退席，恐怕会噎死不少人。

客已寥寥矣！

［注1］《周礼·春官宗伯·叙官》："司几筵，下士二人。"汉·郑玄注："铺陈曰筵，藉之曰席。"唐·贾公彦疏："设席之法，

先设者皆言筵，后加者为席。"清·孙诒让正义："筵长席短，筵铺陈于下，席在上，为人所坐藉。"

[注2] 元·陈澔《礼记集说·乡饮酒者》："吕氏曰：'乡饮酒者，乡人以时会聚饮酒之礼也。因饮酒而射，则谓之乡射。郑氏谓三年大比，兴贤者、能者，乡老及乡大夫，率其吏与其众以礼宾之，则是礼也。'"吕氏指北宋学者吕大临（张载和二程弟子）。郑氏指郑玄，汉朝末年儒家学者、经学大师。"乡饮酒"亦称"乡饮酒礼"或"乡人饮酒"。《论语·乡党·第十三章》："乡人饮酒，杖者出，斯出矣。"

[注3]《新唐书·列传第四十八·韦巨源传》："景龙二年。俄迁尚书左仆射，仍知政事。"北宋陶榖《清异录》："韦巨源拜尚书令，上烧尾食。其家故书中尚有食账，今择奇异者暑记：……"新林案：《新唐书·本纪第一·高祖列传》："武德六月甲戌，赵国公世民为尚书令。"唐太宗在武德年间曾任尚书令，故此后不设尚书令。尚书左仆射名正言顺成为尚书省最高长官——尚书令。

[注4]《新唐书·志第三十四·选举上》："又有曲江会、题名席。"唐·李肇《国史补》："进士为时所尚久矣。……既捷，列书其姓名于慈恩寺塔，谓之题名会。大宴于曲江亭子，谓之曲江会。籍而入选，谓之春闱。不捷而醉饱，谓之打毷氉。"

[注5]《清史稿·列传二百七十一》："吴伟业，字骏公，太仓人。明崇祯四年进士……诗文工丽，蔚为一时之冠，不自标榜。……著有春秋地理志、氏族志；绥寇纪略及梅村集。"新

林案：吴伟业（1609—1672），号梅村。《梅村集四十卷》，清康熙七年（1668）顾湄等刻本：含诗十八卷、诗余二卷、文二十卷。《中国古籍善本总目·集部》著录此顾湄刻本，乃吴氏总集初刻本，是书刊校甚精，载入《中华再造善本·清代编》。

辟谷长生

内子辟过一次谷，第一晚差点没把我吓死：不吃饭，临睡前双膝盘坐，在沙发上昂首缩肚，吞云吐气。长吞缓吐，吞时*丝丝*有声，吐时呼呼作响。我又不敢出声，怕惊扰练功之人（年轻时武侠小说没少看，据说高人练功，若被人惊扰，恐一命而呜呼）。

当晚，转身凝望她睡着，呼吸匀称，扭头就吞下六粒安定。半夜从梦中惊醒，探出两指于其鼻下（特意在屋外开了灯，门缝里有一丝微光），有气！第二天内子知情，一发脾气，干脆住到娘家去了。

六天后回来，神采飞扬，头一件事拿出柜下的小方秤，一站上去，哇哇大叫："我瘦了十五斤。"我的乖乖，十五斤啊，两个大胖儿子没了。怪不得刚开门进来，总觉得她穿着孕妇装。

问，这几天你都吃些什么？"黄金！"我以为耳朵出毛病了，你再说一遍？"黄金！"别开玩笑，吞金要命，你你你再说一遍？从旅行箱（带足了一星期的衣物）里拿出一包东西，递到我眼前，赫然写着"黄精"，黄色的黄，精子的精。我册那，这"黄精"的名字起得有点邪！

我的思想从小不太端正，老师说"发臭发烂了"（参见本书

《西施柔舌》），确有道理。内子辟谷，是在我看历代笔记前。2015 年至今，校读了三百多本历代笔记，始知古人取名，必有其理，必出其意。

李时珍《本草纲目》："黄精【释名】〔时珍曰〕黄精为服食要药，故《别录》列于草部之首，仙家以为芝草之类，以其得坤土之精粹，故谓之黄精。"得坤土之精粹，土，黄也。

早在西晋，古人已发觉黄精的神奇作用。张华《博物志》："黄帝问天老曰：'天地所生，岂有食之令人不死者乎？'天老曰：'太阳之草，名曰黄精，饵而食之，可以长生。'"可以长生，并非不死。饵，药饵。"饵而食之"，炮制成药饵后食之。有些中药若不炮制，食之如砒霜，比如附子。

至唐，古人已得炮制黄精之法，唐朝孟诜《食疗本草》："饵黄精，能老不饥。其法：可取瓮子去底，釜上安置令得，所盛黄精令满。密盖，蒸之。令气溜，即曝之。第二遍蒸之亦如此。九蒸九曝。凡生时有一硕（石），熟有三四斗。"

硕，通"石"，读 dàn，容量单位，一石等于十斗。生黄精一石，九蒸九曝后，得三四成熟品。现在网上随手可买到炮制后的黄精，但若没老师教练正确的服食方法，谷没辟成，命已毙亡。

辟谷，即不食五谷。东西还是要吃一点的，陆游《家世旧闻》："太傅辟谷几二十年，然亦时饮，或食少山果。醉后，插花帽上。"太傅指陆游高祖陆轸，老人家辟谷辟得与众不同，

"插花帽上"，甚是可爱。

内子更可爱，她之所以成功减掉十五斤肉，与吞吃黄精（实在难吃，干脆掰小块吞食）和龟息大法（昂首，尽量伸长脖子），以及坚强的割肥（三个游泳圈，下海游泳无须救生圈）意志力有关。

龟息大法，是古人偶然发现的："人有山行堕深涧者，无出路，饥饿欲死。左右见龟蛇甚多，朝暮引颈向东方，人因伏地学之，遂不饥，体殊轻便，能登岩岸。"（《博物志》）龟能长寿，在其缓吐慢吸——缓缓地吐、慢慢地吸——"轻轻地我吐了，正如我轻轻地吸；我轻轻地一呼，作别西天的 PM2.5"，故曰龟息。

龟息大法，苏轼亦崇之，其《东坡志林》"辟谷说"条："洛下有洞穴，深不可测。有人堕其中不能出，饥甚，见龟蛇无数，每旦辄引首东望，吸初日光咽之，其人亦随其所向，效之不已，遂不复饥，身轻力强。"并曰："辟谷之法以百数，此为上，妙法止于此。"内子的"昂首缩肚，吞云吐气"，乃东坡称之"为上"、至妙之法。

苏轼是千古以来，集经史子集、诗词歌赋、琴棋书画于一身的唯一人。居然研究起辟谷之法，终其原因，迫于绝粮："元符二年，儋耳米贵，吾方有绝粮之忧，欲与过子共行此法，故书以授之。四月十九日记。"绍圣四年（1097）苏轼被贬至儋耳（今海南儋州市）。元符二年（1099）"有绝粮之忧"，故

"欲与过子（第三子苏过）共行此法"。

好像后来没"行"成，否则苏轼恐再集儒、释、道于一体，练成"金刚不坏神功"，长生而不死！北宋释惠洪《冷斋夜话》"昔有人闻远方能不死之术者，裹粮往从之。及至，而其人已死矣。犹叹……"，其人已死，非亲非故，何惜叹哉？

"恨不得闻其道"！！！

图书在版编目（CIP）数据

古人的餐桌.第二席，与历代食家一同赴宴 / 芮新林著.—上海：上海文化出版社，2021.6
ISBN 978-7-5535-2271-5

Ⅰ.①古… Ⅱ.①芮… Ⅲ.①饮食-文化-中国-古代 Ⅳ.①TS971.2

中国版本图书馆 CIP 数据核字(2021)第 065964 号

出 版 人　姜逸青
责任编辑　黄慧鸣
装帧设计　王　伟

书　　名	**古人的餐桌·第二席——与历代食家一同赴宴**	
作　　者	芮新林	
出　　版	上海世纪出版集团	
	上海文化出版社	
地　　址	上海市绍兴路 7 号　200020	
发　　行	上海文艺出版社发行中心	
	上海市绍兴路 50 号　200020　www.ewen.co	
印　　刷	苏州市越洋印刷有限公司	
开　　本	787×1092　1/32	
印　　张	8.25　插页1	
印　　次	2021 年 6 月第一版　2021 年 6 月第一次印刷	
书　　号	ISBN 978-7-5535-2271-5/I·877	
定　　价	48.00 元	

告 读 者　如发现本书有质量问题请与印刷厂质量科联系
　　　　　　T：0512-68180628